中式面点工艺

黄庆燕　陈伟梅　主编

中国农业科学技术出版社

图书在版编目（CIP）数据

中式面点工艺/黄庆燕，陈伟梅主编 . —北京：
中国农业科学技术出版社，2020.6
ISBN 978-7-5116-4770-2

Ⅰ . ①中… Ⅱ . ①黄… ②陈… Ⅲ . ①面食-制作
-中国 Ⅳ . ①TS972. 132

中国版本图书馆 CIP 数据核字（2020）第 089916 号

责任编辑 李冠桥
责任校对 马广洋

出 版 者 中国农业科学技术出版社
北京市中关村南大街 12 号 邮编：100081
电 话 （010）82109705（编辑室） （010）82109704（发行部）
（010）82109703（读者服务部）
传 真 （010）82106625
网 址 http：//www.castp.cn
经 销 者 各地新华书店
印 刷 者 北京建宏印刷有限公司
开 本 710mm×1000mm 1/16
印 张 10.75
字 数 225 千字
版 次 2020 年 6 月第 1 版 2020 年 6 月第 1 次印刷
定 价 45.00 元

前　言

在我国悠久的历史文化中，饮食占据着重要的篇章，其中中式面点美食的工艺成为首要谈论的话题。中式面点的造型和制造工艺十分特别，这种别具一格的造型和制造工艺不仅带给人们味觉上的享受，同时也使面点更加美观。这种身体和心灵上的享受，让中式面点的魅力更显独特。

经济社会的日益繁荣使得人们的生活质量明显提升，促使餐饮业不得不提高标准。中式面点是中华饮食的重要组成部分，随着人们的需求不断提升，中式面点也在不断创新，力图将中华文化和中华美食完美融合，将中式面点推向一个新的发展阶段。近年来，随着中式面点制作手法的不断创新，面点师从面团选择、馅心制作、外观造型和色彩搭配等方面，形成了一套独具特色的面点制作流程，使中式面点在色泽、品质、口感等方面逐步与百姓的饮食需求接轨。

本书内容安排

本书以中式面点工艺为主线，系统地阐述了各类面食的不同制作技术。本书共分为六大模块，主要内容包括：中式面点制作基础知识，面点制作基本技术与馅心的制作，水调面团，膨松面团制品，油酥面团制品，米类及其他面团制品等。

本书编写特色

系统全面、突出重点： 本书构建出学习中式面点的完整体系，以技术和应用为两根主线。突出且详细地讲解重点问题，让中式面点的学习简单又快捷。

案例主导、学以致用： 本书立足于中式面点，通过大量的案例操作和分析，让读者真正掌握中式面点的制作工艺与技巧。

图解教学、强化应用： 本书采用图解教学的体例形式，图文并茂，让读者在学习过程中更直观、更清晰地掌握中式面点的应用知识，全面提升学习效果。

本书内容新颖，讲解透彻，既可作为应用型本科院校及高等职业院校相关专业学习中式面点制作技术与造型工艺的教材，也可供广大中式面点研究人员和从业人员等学习和参考。

尽管我们在编写过程中力求准确、完善，但本书中可能还有疏漏与不足之处，恳请广大读者批评指正，在此深表谢意！

编　者

2020 年 4 月

目　　录

中式面点制作基础知识

 模块导读

中国具有悠久的历史和灿烂的文化。中国经过长期的发展，历代面点师在不断实践和广泛交流中，创制了口味淳美、工艺精湛的各种面点。这些面点不但丰富了人们的生活，在国内外亦享有很高的声誉。随着社会的发展，人们生活水平的不断提高，面点在人们日常生活中显得愈来愈重要。人们在继承和挖掘整理传统面点的基础上，不断融入新的原料、新的技术，逐渐使面点制作工艺理论化、科学化、系统化，并成为一门专业技术学科。

 内容描述

本模块的内容包括4个学习任务，从认识面点、认识面点原料、认识面点设备与工具、操作安全认知来展开。通过本模块的学习，可以让读者掌握面点的基础知识，对面点行业有初步的了解，为今后的学习打下良好的基础。

 学习目标

1. 了解面点的基本概念，熟悉面点的分类和风味流派。
2. 了解面点的发展历史和面点在餐饮业的地位、作用。
3. 掌握面点的种类和制作的基本特点。
4. 熟悉面点常用的主、辅原料和调味及添加原料在面点中的作用。
5. 熟悉制作面点的常用设备与工具。
6. 熟悉面点操作规程，明确操作安全。

学习时间：建议6课时。

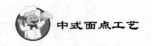

项目一　面点制作的地位、作用和种类

任务目标
1. 理解面点的基本概念，了解面点在餐饮业的地位和作用。
2. 了解面点的发展历史，掌握我国面点的发展方向。
3. 熟悉面点的分类及面点制作的基本特点。
4. 掌握我国面点的主要风味流派。

一、面点的概念、作用、发展概况

面点是中国烹饪的重要组成部分，素以历史悠久、制作精致、品类丰富、风味多样著称于世。

(一)面点的概念

面点是"面食"和"点心"的总称，餐饮业中俗称为"白案"，包括用米和杂粮等制作的饭、粥、羹、冻等，统称为米面制品。具体来说，面点是以各类粮食、鱼虾、畜禽肉、蛋、乳、蔬菜、果品为原料，配以多种调味品，经加工而制成的色、香、味、形、质俱佳的主食、点心和小吃。

(二)面点的地位和作用

1. 面点是餐饮业的重要组成部分

从餐饮业的生产组织结构看，主要有两个部分：一是菜肴烹调加工，行业称为"红案"；二是面点制作，行业称为"白案"(面案)。二者构成了餐饮业的全部加工生产业务，这两个部分密切相关，互相配合，不可分割。

2. 面点是人们不可缺少的重要食品

面点制品是人们生活的必需品，具有较高的营养价值，应时适口，既可以在饭前或饭后作为茶点品尝，又能作为主食，因而能够满足各阶层消费者的不同需要。

3. 面点是活跃市场、丰富人们生活的消费品

面点不仅可作为早点或与菜肴配套为宴席增色，而且可作为喜庆佳节馈赠亲友的礼品。许多面点、小吃还与民间传说有关，如新春的年糕、元宵节的汤圆、清明节的青团、端午节的粽子、中秋节的月饼、重阳节的重阳糕等。可见，面点不仅丰富了人们的饮食内容，而且丰富了人们的精神生活。

总之，面点不仅在餐饮业中占有重要的地位，而且对丰富人们生活、方便群众、活跃市场、促进经济发展有着重要的作用。

(三) 面点的发展历史

中国的面点小吃历史悠久，风味各异，品种繁多。面点小吃的历史可上溯到新石器时代，当时已有石磨，可加工面粉，做成粉状食品。我国面点制作技术的发展过程见表1-1。

表1-1　我国面点的发展过程

历史时期	发展状况	出现的品种	出现的著作	备注
3000年前	尝草别谷，面点雏形产生			简单的加热
春秋战国时期	随着农业及谷物加工技术的发展，出现了较多的面点品种	饵、黍角		初步包扎技术开始应用
汉代	我国面点的早期发展阶段，随着生产的发展，面点的品种迅速增加	饼	《释名·释饮食》	发酵技术在面点制作中的应用
魏晋南北朝时期	我国面点的重要发展阶段，面点制作技术迅速提高。面粉、米粉加工更为精细，发酵方法已普遍使用	饼的种类繁多，制作方法较完善	《齐民要术》《饼赋》	发酵方法已普遍使用，节日风俗逐步形成
隋唐五代时期	面点继续发展，西域饮食传入中原，我国蒸饼等也传入日本，制作技术有所提高	包子、馒头、肉饼、油饼、胡饼	《食疗本草》《食医心鉴》《崔氏食经》	面点在这一时期已入宴席，而且节日面点也有增加
宋元时期	中国面点全面发展阶段，面点制作技术迅速提高	角子、月饼、卷煎饼、烧麦、元宵、麻团、油炸果子等	《山家清供》《饮膳正要》《云林堂饮食制度集》	品种丰富；面点技术的提高主要表现在面团制作、馅心制作、浇头制作、成型方法、成熟方法等多样化

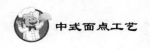

（续表）

历史时期	发展状况	出现的品种	出现的著作	备注
明清时期	面点在原已形成的基础上继续全面发展，制作技术达到了新的高峰	新品种不断涌现，面点的重要品种大体已经出现	《养小录》《随园食单》《调鼎集》	出现了以面点为主的宴席。面点风味流派基本形成，面点风俗基本定型，面点著述大为丰富，面点交流进一步扩大

（四）我国面点的发展方向

随着时代发展和人民生活水平的提高，我国面点将朝着继承和发掘，推陈出新；加强科技创新，提高科技含量；注重营养素搭配；突出方便、快捷、卫生4个方面发展。

二、面点的分类、特点及主要风味流派

（一）面点的分类

1. 按原料类别分类

（1）麦类面粉制品，是指调制面坯的主要原料是用小麦磨成的面粉，掺入原料主要是水、油、蛋和添加料，经调制成为多种特性的面坯，再经过多道加工程序制成，如包子、馒头、饺子、油条、面包等。

（2）米类及米粉制品，是指在米或米粉中掺入水及其他调辅料进行调制，再经成形、熟制而成的制品，如八宝饭、汤圆、年糕、松糕等。

（3）豆类及豆粉制品，是指用豆类或加工后的豆类，经调制、成形、熟制而成的制品，如绿豆糕、芸豆卷、豌豆黄等。

（4）杂粮和淀粉类制品，是指用杂粮及其磨成的粉或淀粉类原料，经调制、成形、熟制而成的制品，如小窝头、黄米炸糕、玉米煎饼、马蹄糕等。

（5）其他原料制品，如果菜类制品，荔芋角、南瓜饼等。

2. 按面坯性质分类

（1）水调面坯，即用水与面粉调制的面坯。因水温不同，又可分为冷水面坯（水温在30℃以下）、温水面坯（水温在50℃左右）、热水面坯（水温在70℃以上，又叫沸水面坯或烫面）等3种。

（2）膨松面坯一般有3种：在面坯调制中，加入酵母的生物膨松面坯；加入化学膨松剂的化学膨松面坯；把鸡蛋抽打成泡，再加入面粉调制成糊状面坯的物理膨松面坯。

（3）油酥面坯，即用油脂与面粉调制的面坯。这种面团分为层酥、单酥等。

（4）米粉面坯，指以糯米、粳米、籼米磨成的米粉为原料，根据面团要求进行合理搭配成镶粉，即混合粉调制的粉团，如糕类粉团、团类粉团。

（5）其他面坯，如澄粉面坯、杂粮面坯等。

3. 按成熟方法分类

可分为煮、蒸、煎、炸、烤、烙、炒面点等。

4. 按形态分类

可分为糕、饼、团、酥、包、饺、粽、粉、面、粥、烧麦、馄饨等。

5. 按口味分类

可分为甜味、咸味、复合味3种。

(二)面点制作的基本特点

面点制作具有原料广泛，选料精细；讲究馅心，注重口味；技法多样，造型美观；成熟方法多样等基本特点。

(三)面点的风味流派

我国地大物博，从南到北地域跨度很大，各地的气候条件有所不同，因此全国各地所产的粮食作物有很大区别，人们的生活习惯、饮食文化有很大差别，反映到面点制作上，也就出现了不同的花色品种、制作习惯，也就分成了不同的面点流派。我国面点根据地理区域和饮食文化的形成，大致可分为"南味""北味"两大风味，这两大风味又可以"京式面点""苏式面点""广式面点""川式面点"为主要代表（表1-2）。

表1-2 面点的主要风味流派

风味流派	特色	代表品种	制作流域
京式面点	用料丰富，但以麦面为主。品种众多，制作精细，制馅多用水打馅	抻面、北京都一处烧麦、天津狗不理包子、清宫仿膳肉末烧饼、艾窝窝等	黄河以北的大部分地区（山东、华北、东北等）
苏式面点	品种繁多，制作精美，季节性强，馅心注重掺冻，汁多肥嫩	三丁包子、翡翠烧麦、汤包、千层油糕、船点等	长江中下游、江浙一带
广式面点	原料多以米类为主，品种丰富，馅心多样，制法特别，使用糖、油、蛋较多，季节性强	虾饺、叉烧包、马拉糕、娥姐粉果、荷叶饭等	珠江流域及南部沿海地区
川式面点	用料广泛，制法多样，口感上注重咸、甜、麻、辣、酸等味	赖汤圆、担担面、钟水饺、八宝枣糕	长江中上游川、滇、黔一带

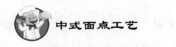

练 习

选择题

1. 中国早期面点发展的时间大约是(　　)。

A. 战国时期　　　　B. 商周时期　　　　C. 汉代时期　　　　D. 魏晋南北朝时期

2. 面点是"面食"和"点心"的总称，餐饮业中俗称为(　　)。

A. 面食　　　　　　B. 点心　　　　　　C. 红案　　　　　　D. 白案

3. (　　)出现了以面点为主的宴席。

A. 魏晋南北朝时期　　　　　　　　　B. 隋唐五代时期

C. 宋元时期　　　　　　　　　　　　D. 明清时期

4. 发酵技术在面点制作中的应用是在(　　)。

A. 汉代　　　　　　　　　　　　　　B. 魏晋南北朝时期

C. 隋唐五代时期　　　　　　　　　　D. 宋元时期

5. 我国面点根据地理区域和饮食文化的形成，大致形成(　　)两大风味。

A. 南味、北味　　B. 京式、苏式　　C. 广式、川式　　D. 苏式、广式

6. 用料丰富，但以麦面为主的是(　　)。

A. 京式面点　　　B. 苏式面点　　　C. 广式面点　　　D. 川式面点

7. 千层油糕属于(　　)。

A. 京式面点　　　B. 苏式面点　　　C. 广式面点　　　D. 川式面点

8. 珠江流域及南部沿海地区的面点风味属于(　　)。

A. 京式面点　　　B. 苏式面点　　　C. 广式面点　　　D. 川式面点

9. 花式船点是属于(　　)。

A. 京式面点　　　B. 苏式面点　　　C. 广式面点　　　D. 川式面点

10. 用油脂与面粉调制的面坯是(　　)。

A. 水调面坯　　　B. 膨松面坯　　　C. 油酥面坯　　　D. 米粉面坯

11. 玉米煎饼属于(　　)。

A. 麦类面粉制品　　　　　　　　　　B. 米类及米粉制品

C. 豆类及豆粉制品　　　　　　　　　D. 杂粮和淀粉类制品

12. 汤圆属于(　　)。

A. 麦类面粉制品　　　　　　　　　　B. 米类及米粉制品

C. 豆类及豆粉制品　　　　　　　　　D. 杂粮和淀粉类制品

项目二 面点制作常用原料和选用知识

一、面点的主要原料

我国幅员辽阔、物产丰富,用以制作面点的原料非常多,主粮、杂粮以及大部分可食用的动植物都可以作为原料使用。

面点的主要原料一般是用于制作皮坯的,按照其原料来源划分,主要有以下几种。

(一)面粉

面粉是由小麦经加工磨制而成的粉状物质。目前市场供应的面粉可分为等级粉和专用粉两大类。等级粉是按加工精度的不同而分类的,可分为特制粉、标准粉、普通粉;专用粉是针对不同的面点品种,在加工制粉时加入适量的化学添加剂或采用特殊处理方法,使制出的粉具有专门的用途,如面包粉、糕点粉、自发粉、水饺粉等。

1. 等级粉

等级粉的特点见表 1-3。

表 1-3 等级粉的特点

等级粉	加工精度	色泽	颗粒	含麸量	灰分	湿面筋	水分	适用
特制粉	高	洁白	细小	少	≤0.75%	≤26%	≤14.5%	精细品种
标准粉	较高	稍黄	略粗	略多	≤1.25%	≤24%	≤14%	大众点心
普通粉	一般	黄	较粗	多	≤1.25%	22%	13.5%	一般不用

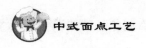

2. 专用粉

(1)面包粉。面包粉也称高筋粉，是用蛋白质(主要是麦胶蛋白、麦谷蛋白)含量高的小麦加工制成的。该粉调制的面团筋力大，制出的面包体积大，松软且富有弹性。

(2)糕点粉。糕点粉也称低筋粉，是将小麦经高压蒸汽加热两分钟后再制成的面粉。因小麦经高压蒸汽的处理，改变了蛋白质的特性，降低了面粉的筋力。糕点粉适合制作饼干、蛋糕、开花包子等制品。

(3)自发粉。自发粉是在特制粉中按一定的比例添加泡打粉或干酵母制成的面粉。用自发粉调制面团时要注意水温及添加辅料的用量，以免影响起发力。自发粉可直接用于制作馒头、包子等发酵制品。

(4)水饺粉。水饺粉粉质洁白细腻，面筋质含量较高，加水和成面团具有较好的耐压强度和良好的延展特性，适合做水饺、面条、馄饨等。

(二)稻米粉

稻米粉也称米粉，是由稻米加工而成的粉状物，是制作粉团、糕团的主要原料。

1. 按米的品种分类

稻米粉按品种可分为糯米粉、粳米粉、籼米粉 3 种(表 1-4)。

表 1-4　米粉的种类与特点

米的品种分类		特　点	用　途
糯米粉 (江米粉)	粳糯粉	柔糯细滑，黏性大，品质好	年糕、汤圆
	籼糯粉	粉质粗硬，黏糯性小，品质较次	
粳米粉		黏性次于籼糯粉，一般将粳米粉与糯米粉按一定的比例配合使用	糕团或粉团
籼米粉		黏性小、涨性大	萝卜糕、芋头糕

2. 按加工方法分类

米粉按加工方法可分为干磨粉、湿磨粉、水磨粉 3 种(表 1-5)。

表 1-5　不同加工方法的米粉特点

加工方法	制　作	优　点	缺　点
干磨粉	用各种米直接磨成的粉	含水量少，保管、运输方便，不易变质	粉质较粗，成品滑爽性差
湿磨粉	先将米淘洗、浸泡涨发、控干水分后磨制成粉	较干磨粉质感细腻，富有光泽	磨出的粉需干燥才能保藏
水磨粉	将米淘洗、浸泡、带水磨成粉浆后，经压粉沥水、干燥等工艺制成水磨粉	粉质细腻，成品柔软滑润，用途较广	工艺较复杂，含水量大，不宜久藏

（三）玉米粉

玉米粉是由玉米去皮精磨而成。玉米粉粉质细滑，糊化后吸水性强，易于凝结。玉米粉可以单独用来制作面食，如窝头、饼等。玉米粉含直链淀粉 26%，支链淀粉 74%。由于玉米粉中直链淀粉和支链淀粉的含量比例与小麦淀粉大致相同，所以玉米粉可与面粉掺和使用，作为降低筋力的填充原料，如制作蛋糕、奶油曲奇等。

（四）豆粉

常用的豆粉有绿豆粉、赤豆粉、黄豆粉等。

（1）绿豆粉。绿豆以色浓绿、富有光泽、粒大而整齐的为好。绿豆粉是将绿豆拣去杂质，洗净入锅煮至八成熟，使豆粒发胀去壳，控干水分用河沙拌炒至断生微香，筛去河沙磨粉而成。绿豆粉可用来做绿豆糕、豆皮等面点，也可用作制馅原料，如用于制作豆蓉馅。

（2）赤豆粉。赤豆粉是指将赤豆拣去杂质，洗净煮熟，去皮晒干，磨成的粉。赤豆粉直接用于面点制品的不多，常用于制豆沙馅。豆沙馅是将赤豆拣去杂质，洗净加少许碱煮至酥烂，揉搓去皮，过筛成豆泥，再加糖、油炒制而成。

（3）黄豆粉。黄豆粉具有较高的营养价值，通常与米粉、玉米粉等掺和后制成团子及糕、饼等面点。

（五）其他粉料

（1）小米粉。小米又称粟，有粳、糯两大类。小米磨成粉后可制作小米窝头、丝糕等，与面粉掺和后可制成各式发酵面点。

（2）番薯粉。番薯粉又称山芋粉、红薯粉，制成的粉色泽灰暗、爽滑。番薯粉成熟后具有较强的黏性。使用时常与澄粉、米粉掺和才能制作各类面点；也可将含淀粉多的番薯蒸酥烂后捣成泥，与澄面掺和制成面点，如薯蓉系列面点。

（3）马铃薯粉。马铃薯粉色洁白、细腻，吸水性强，通常与澄面、米粉掺和使用，也可作为调节面粉筋力的填充原料。马铃薯蒸熟去皮捣成泥后，与澄面掺和制成面点，如生雪梨果、莲蓉铃蓉角等。马铃薯泥与白糖、油可炒制成铃蓉馅。

（4）马蹄粉。马蹄粉是用马蹄（荸荠）为原料制成的粉。马蹄粉具有细滑、吸水性好，糊化后凝结性好的特点，是质量上乘的烹调淀粉。通常用于制作马蹄糕系列品种，如生磨马蹄糕、九层马蹄糕、橙汁马蹄卷等。

（5）澄粉。澄粉又称澄面、小麦淀粉，是加工过的面粉，用水漂洗过后，把面粉里的粉筋与其他物质分离出来，粉筋成面筋，剩下的就是澄粉。澄粉可用来制作各种点心，如虾饺、粉果及各种造型船点等。

二、面点的辅助原料

在面点制作过程中，除了需要大量的主要原料外，还需要添加一些辅助材料，

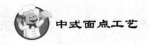

以增加点心的口感。

（一）糖

糖是制作面点的重要原料之一。糖除了作为甜味剂使面点具有甜味外，还能改善面团的品质。面点中常用的糖可分为食糖、饴糖两类。

1. 食糖

食糖主要以甘蔗和甜菜为原料榨制加工而成，主要有白砂糖、绵白糖、土红糖、冰糖等。

（1）白砂糖为机制精糖，纯度很高，糖含量在99%以上，是用途最为广泛的食糖。白砂糖以晶粒均匀一致、颜色洁白、无杂质、无异味为优，用水溶化后糖液清澈。白砂糖根据晶粒大小，可分为粗砂糖、中砂糖、细砂糖3种。白砂糖由于颗粒粗硬，如用于含水量少、用糖量大的面团调制时，应制成糖粉或糖浆使用，否则会出现面团结构不均匀或烘烤、油炸后制品表面出现斑点。

（2）绵白糖为粉末状的结晶糖，具有色泽雪白、杂质少，质地细腻绵软、溶解快的特点。绵白糖可直接加入面团中使用，常用于含水量少、用糖量大的面点中，如核桃酥、开花馒头、棉花杯等品种。

（3）红糖也称黄片糖。由于在制作中没有经过脱色及净化等工序，结晶糖块中含有糖蜜、色素等物质，因此红糖具有色泽金黄、甘甜味香的特点。红糖在使用时需溶成糖水，过滤后再使用。红糖用于面点能起到增色、增香的作用，如年糕、松糕、蕉叶粑等。

（4）冰糖是白砂糖重新结晶的再制品，外形为块状的大晶粒，晶莹透明，很像冰块，故称冰糖。冰糖纯度高，味清甜纯正，一般用于制作甜羹或甜汤，如银耳雪梨盅、菠萝甜羹等。

2. 饴糖

饴糖又称糖稀、米稀。它是用谷物为原料，经蒸熟后，加入麦芽酶发酵，使淀粉糖化后浓缩而制得。饴糖是一种浅棕色、半透明、具有甜味、黏稠的糖液，根据浓缩程度的不同有稀稠之分，使用时应根据其稀稠度掌握用量。饴糖由于含水量高，且含有淀粉酶、麦芽酶，在环境温度较高时容易发酵变酸，因此浓度低的饴糖不宜久置。

3. 糖在面点中的作用

（1）增进面点的色、香、味、形。
（2）调节面筋的胀润度。
（3）供给酵母养料，调节发酵速度。
（4）提高制品的营养价值。
（5）可延长制品的存放期。

(二) 食用油脂

油脂在面点制作中具有重要的作用，不仅能改善面团的结构，而且能提高制品的风味。面点制作中常用的食用油脂可分为动物性油脂、植物性油脂和加工性油脂。

1. 动物性油脂

动物性油脂是指从动物的脂肪组织或乳中提取的油脂，具有熔点高、可塑性好、流散性差、风味独特等特点。动物性油脂的主要品种有猪油、奶油、鸡油、羊油和牛油。

(1)猪油又称大油、白油，是用猪的皮下脂肪或内脏脂肪等脂肪组织加工炼制而成。猪油常温下呈软膏状，乳白色或稍带黄色，低温时为固体，高于常温时为液体，有浓郁的猪脂香气。直接用火熬炼提取的猪油，由于含有血红素，易氧化酸败，宜低温存放。近几年已有经深加工的猪脂供应，具有色泽乳白、可塑性好、使用方便等优点，但猪脂香味略差。

(2)奶油也称黄油，是从动物乳中分离出来的脂肪和其他成分的混合物。奶油色淡黄，常温下呈固态，具有浓郁的奶香味，易消化，营养价值高。奶油的熔点为 28~30℃，凝固点为 15~25℃，在常温下呈固态。用奶油调制面团，面团组织结构均匀，制品松化可口。奶油因含水分较多，是微生物的良好的培养基，在高温下易受细菌和霉菌的污染。此外，奶油中的不饱和脂肪酸易氧化酸败，故奶油要低温保存。

(3)鸡油，鸡油往往采用自行提取的办法：将鸡肌体中的脂肪组织加水用中火慢慢熬炼，或者放在容器内蒸制。鸡油色泽金黄、鲜香味浓，利于人体消化吸收，有较高的营养价值。由于鸡油来源少，一般用于调味或增色。

(4)牛油和羊油是从牛羊肌体中的脂肪组织及骨髓中提炼而得的。牛羊油的熔点高(44~45℃)，故常温下呈硬块状，未经脱臭时有令人不愉快的膻味，不易被人体消化吸收。牛羊油在未进行深加工前，使用不多，一般用于工业制皂的原料。

2. 植物性油脂

植物性油脂是指从植物的种子中榨取的油脂。榨取油脂的方法有两种：一是冷榨法，其油的色泽较浅，气味较淡，水分含量大；二是热榨法，其油的色泽较深，气味浓香，水分含量少，出油量大。常用的植物油有花生油、菜籽油、豆油、茶油、芝麻油等。

(1)花生油是用花生仁经加工榨取的油脂，纯正的花生油透明清亮，色泽淡黄，气味芳香，常温下不混浊，温度低于4℃时，稠厚混浊呈粥状，色为乳黄色。由于花生油味纯色浅，用途广泛，可用于调制面团、调馅和用作炸制油。特别是用花生油炒制出的甜馅，油亮味香，如豆沙馅、莲蓉馅等。

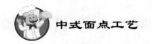

（2）菜籽油。菜籽油是油菜籽经加工榨取的油脂。菜籽油按加工精度可分为普通菜籽油和精制菜籽油。普通菜籽油色深黄略带绿色，且菜籽腥味浓重，不宜用于调制面团或用于炸制油；精制菜籽油是经脱色脱臭精加工而成，油色浅黄、澄清透明，味清香，可用于调制面团或用于炸制油。菜籽油是我国的主要食用油之一，是制作色拉油、人造奶油的主要原料。

（3）豆油。豆油是从大豆中榨取的油脂。粗制的豆油为黄褐色，有浓重的豆腥味，使用时可将油放入锅内加热，投入少许葱、姜，略炸后捞出，去除豆腥味。精制的豆油呈淡黄色，可直接用于调制面团或炸制面点。豆油的营养价值比较高，亚油酸的含量占所含脂肪酸的 52%，几乎不含胆固醇，在体内消化率高，长期食用对人体动脉硬化有预防作用。

（4）茶油。茶油是用油茶树结的油茶果仁榨取的油脂，我国南方丘陵地区产量较多。茶油的榨取一般采用热榨法，茶油呈金黄色，透明度较高，具有独特的清香味。茶油用于烹调，可以起到去腥、去膻的作用。由于茶油味较浓重，色较深，一般不适于调制面团或炸制面点。

（5）芝麻油。芝麻油又称麻油、香油，是芝麻经加工榨取的油脂。麻油按加工方法的不同有大槽油和小磨香油。大槽油是以冷榨的方法制取的，油色金黄，香气不浓；小磨香油是采用我国传统的一种制油方法——水代法制成的，大致方法是将芝麻炒香磨成粉，加开水搅拌，震荡出油。小磨香油呈红褐色，味浓香，一般用于调味增香。

除以上介绍的植物油外，面点制作中常用的植物油还有玉米油、椰子油、可可脂等。

3. 加工性油脂

加工性油脂是指将油脂进行二次加工所得到的产品，如人造奶油、起酥油、人造鲜奶油、色拉油等。

（1）人造奶油。人造奶油也称"麦淇淋"，是英文"margarine"一词的音译。人造奶油的成分主要是氢化植物油、乳化剂、色素、食盐、赋香剂、水等经乳化而成。人造奶油是奶油的代用品，具有良好的乳化性、起酥性、可塑性，有浓郁的奶香味，常用于制作西式面点。人造奶油与天然奶油相比，不易为人体消化吸收。

（2）起酥油。起酥油是以植物油为原料，经氢化、脱色、脱臭后形成可塑性好、起酥效果好的固体油脂。起酥油是将植物油所含的不饱和脂肪酸氢化为饱和脂肪酸，使液态的植物油成为固体的起酥油。起酥油分为低溶起酥油和高溶起酥油，使用时可根据不同的面点选用。

（3）人造鲜奶油。人造鲜奶油也称"鲜忌廉"，"忌廉"是英文"cream"一词的音译。人造鲜奶油应储藏在 18℃ 以下。使用时，在常温下稍软化后，先用搅拌器(机)慢速搅打至无硬块后改为高速搅打，至体积胀发为原体积的 10～12 倍后改为慢速搅打，直至组织细腻、挺立性好即可使用。搅打胀发的人造鲜奶油常用于蛋糕的裱花、西式面点的点缀和灌馅。

（4）色拉油。色拉油是植物油经脱色、脱臭、脱蜡、脱胶等工艺精制而成。"色拉"是英文"salad"一词的音译。色拉油清澈透明，流动性好，稳定性强，无不良气味，在 $0 \sim 4℃$ 放置无混浊现象。色拉油是优质的炸制油，炸制的面点色纯，形态好。

4. 油脂在面点中的作用

（1）能降低面团的筋力和黏着性，有利于成型。

（2）使制品酥松、丰满、有层次。

（3）增进风味，使制品光滑油亮。

（4）利用油脂的传热特点，使制品产生香、脆、酥、嫩等不同味道和质地。

（5）能提高制品的营养价值，为人体提供热量。

（6）降低吸水量，延长制品的保存期。

（三）蛋

用于制作面点的蛋以鲜蛋为主，包括鸡蛋、鸭蛋等各种禽蛋，其中鸡蛋起发力好、凝胶性强、味道鲜美，在面点制作中用量最大。蛋由蛋壳、蛋白、蛋黄 3 个部分构成，其中蛋壳约占总重的 11%，蛋白约占 58%，蛋黄约占 31%。

1. 蛋的特性

（1）蛋白的起泡性。蛋白是一种亲水胶体，具有良好的起泡性，在调制物理膨松面团中具有重要的作用。

（2）蛋黄的乳化性。蛋黄中含有许多磷脂，磷脂具有亲油和亲水双重特性，是一种理想的天然乳化剂。

（3）蛋的热凝固性。蛋白受热后会出现凝固变性现象，在 50℃ 左右时开始混浊，在 57℃ 时黏度增加，在 62℃ 以上时失去流动性，70℃ 以上凝固为块状，失去起泡性。蛋黄则在 65℃ 时开始变黏，成为凝胶状；70℃ 以上时失去流动性并凝结。

2. 蛋在面点中的作用

（1）能改进面团的组织状态，提高制品的疏松度和绵软性。

（2）能改善面点的色、香、味。

（3）提高制品的营养价值。

（四）乳品

1. 常用的乳品

（1）鲜乳。正常的鲜乳呈乳白色或白中略带微黄色，有清淡的奶香味。鲜乳组织均匀，营养丰富，使用方便，可直接用于调制面团或制作各种乳白色冻糕，如雪白棉花杯、可可奶层糕、杏仁奶豆腐等。鲜乳还常用于甜馅的调制，以增加馅心的

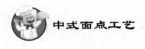

奶香味和食用价值。

（2）奶粉。奶粉是以牛、羊鲜乳为原料经浓缩后喷雾干燥制成的，包括全脂奶粉和脱脂奶粉两大类。由于奶粉含水量低，便于保存，使用方便，因此广泛用于面点的制作。在面点制作中要考虑奶粉的溶解度、吸湿性、甜度和滋味，使用时先用少许水调匀，才能加入面团中，防止出现结块现象。

（3）炼乳。炼乳是鲜奶加蔗糖，经杀菌、浓缩、均质而成。炼乳应有甜味、纯净的奶香味及良好的流动性，色泽浅黄，不应有蔗糖或乳糖结晶的粗糙感。炼乳可分为甜炼乳和淡炼乳两种，甜炼乳甜度大，使用时应注意适当减少用糖量。

2. 乳品在面点中的作用

（1）改进面团工艺性能。

（2）改善面点的色、香、味。

（3）提高面点的营养价值。

（五）果品

1. 鲜果

鲜果富含水分、糖分、有机酸、维生素C、纤维素等，品种多，颜色鲜艳。鲜果在西式面点中使用较多，常用于酥炸水果点心或凝冻水果点心，如酥炸苹果环、酥炸香蕉条、柑橘奶冻糕等。更多的是用于西式面点的点缀和装饰，如各式水果塔及裱花蛋糕的点缀。在运用鲜果进行装饰、点缀时，要避免使用含单宁较多的鲜果，如苹果、香蕉、柿子等，以免氧化变色，影响美观。

2. 果仁

果仁含有丰富的脂肪、蛋白质、矿物质等，具有油香、风味独特的特点。果仁常用于面点的馅心及表面粘裹、点缀，如五仁馅、麻蓉馅、核桃酥、香麻炸软枣、杏仁酥等。果仁在使用时均需去皮、壳，清洗干净，用于制馅时应烤（炒）香，用于炸、烤面点表面粘裹时则需生料粘裹、点缀。由于果仁脂肪含量丰富，在环境温度较高时易氧化酸败，应低温干燥保存。

3. 果干

果干富含糖分、有机酸、矿物质等。常用的果干有红（黑）枣、杏干、葡萄干等。由于果干含水分较少，可以较长时间存放，所以具有使用方便的特点。果干在面点制作中可用于制馅或拌入面团中增加风味，如枣泥馅、葡萄面包。

4. 果制品

果制品包括果脯、蜜饯、果酱和罐装水果。果制品主要是利用糖分浓度高所具有的渗透压，使微生物细胞脱水收缩，细胞质壁分离而产生生理干燥现象，从而抑制微生物的生长繁殖，使制品利于保存。果制品在面点制作中常用于做馅或点缀。

5. 果品在面点中的作用

(1)果品风味优美、色泽鲜艳，可改善面点的色泽与形态。

(2)果品是制作甜馅和装饰点缀的重要原料，可丰富面点品种。

(3)果品营养丰富，可以提高成品的营养价值。

三、面点调味原料及添加原料

在不影响食品营养价值的基础上，为了增强食品的感官性状，提高或保持食品的质量，在食品生产中人为地加入适量化学合成的或天然的物质，这些物质就是食品添加剂。在面点制作中常用的添加剂有膨松剂、着色剂、赋香剂、调味剂、凝胶剂、增稠剂、乳化剂等。

(一)膨松剂

凡能使面点制品膨大疏松的物质都可称为膨松剂。膨松剂有两类：一类是生物膨松剂，多用于糖、油用量较少的制品；另一类是化学膨松剂，多用于糖、油用量较多的制品。

1. 膨松剂的种类

膨松剂的种类见表1-6。

表1-6 膨松剂的种类

膨松剂	常用的品种
生物膨松剂	酵母菌(液体鲜酵母、固体鲜酵母、活性干酵母)，用剩的发酵面团，酒或酒酿
化学膨松剂	碳酸氢钠、碳酸钠、碳酸氢铵、泡打粉、明矾等

2. 使用膨松剂的注意事项

(1)掌握使用量，用量愈少愈好，一般能达到膨松效果即可。

(2)经加热后，成品中膨松剂残留的物质必须无毒、无味、无臭和无色的，不影响成品的风味和质量。

(3)要使用在常温下性质稳定，经高温时能迅速均匀地产生大量气体使制品膨松的膨松剂。

(二)着色剂

为了增加面点的色泽，常常使用各种着色剂进行着色，以使制品色泽丰富多彩。着色剂也称食用色素，按其性质可分为天然色素、化学合成色素两大类。

1. 天然色素

天然色素主要是指从动植物中提取或利用微生物生长繁殖过程中的分泌物提取的色素。天然色素具有安全性好，着色自然的特点。天然色素的种类及用途见表1-7。

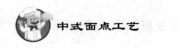

表 1-7　天然色素的种类及用途

品种	别名	颜色	运用
红曲米色素	红曲、丹曲	红色	面点、菜肴
焦糖	糖色	红褐色或黑褐色	烘烤类面点如黑麦面包、裸麦面包、虎皮蛋糕、布丁等
姜黄和姜黄素	—	橙黄色、黄色	绿豆糕、豌豆黄、栗蓉糕等
叶绿素	—	绿色	青团、菠菜汁手擀面等

其他常用的天然色素和着色材料还有可可粉、可可色素、咖啡粉、黄栀子等。

2. 化学合成色素

化学合成色素多为焦油系列品，由煤焦油中所含的具有苯环或萘环等物质合成而得。最常见的有苋菜红、胭脂红、柠檬黄、日落黄、靛蓝、苹果绿等。化学合成色素色泽鲜艳、色调多样、着色力强、性质稳定、牢固度好、成本低、使用方便，但由于化学合成色素有一定的毒性，要严格控制使用量，一般最大使用量不得超过 0.05 克/千克。

3. 使用着色剂应注意的事项

(1) 要尽量选用对人体安全性高的天然色素。

(2) 使用化学合成色素时要控制用量，不得超过国家允许的标准。

(3) 要选择着色力强、耐热、耐酸碱的水溶性色素，避免在人体内沉积。

(4) 应尽量用原材料的自然颜色来体现面点的色彩，使用色素是为弥补原材料颜色的不足，尽量少用化学合成色素为好。

(三) 调味剂

凡能提高面点的滋味、调节口味、消除异味的可食性物质都可称为调味剂。调味剂的种类很多，按口味不同可分为酸味剂，如醋酸、乳酸、柠檬酸等；甜味剂，如食糖、饴糖、糖精、甜菊糖等；咸味剂，如食盐、酱油；鲜味剂，如味精、鸡精等。

1. 食盐

食盐是味中之王，是咸味的主要来源。食盐对人体有极重要的生理作用，能促进胃液分泌、增进食欲，保持人体正常的渗透压和体内的酸碱平衡。食盐在面点中的作用主要体现在以下几个方面。

(1) 使制品具有咸味，调节口味。

(2) 增加面团的韧性和筋力。

(3) 改进制品的色泽。

(4) 调节发酵面团的发酵速度。

2. 柠檬酸

天然的柠檬酸存在于柠檬、柑橘之中，现多利用糖质原料发酵制成。柠檬酸是无色透明结晶或结晶性粉末，无臭，味极酸，易溶于水。柠檬酸在面点制作中常用于糖浆的熬煮，防止糖浆出现返砂现象。

3. 糖精

糖精为无色结晶或稍带白色的结晶性粉末，是一种化学合成甜味剂。糖精本身为苦味，易溶于水，溶于水后才具甜味。糖精的甜度是蔗糖甜度的 300～500 倍。糖精在人体中不产生热量，无营养价值，只起到增加甜味的作用。

4. 甜菊糖

甜菊糖是从甜菊叶中提取的天然甜味剂。甜菊糖为白色或微黄色粉末，味极甜，甜度是蔗糖的 200～300 倍。由于甜菊糖甜度大、用量少、热能低，对糖尿病、肥胖病、高血压患者的饮食极为有益，现广泛用于饮料、面点中。

(四) 赋香剂

凡能增加食品的香气、改善食品风味的物质都可称为赋香剂。赋香剂按来源分有天然赋香剂和人工合成赋香剂；按质地分有水质、油质和粉质；按香型分有奶香型、蛋香型和水果香型。

1. 常用赋香剂的种类及用途

常用赋香剂的种类及用途见表1-8。

表1-8 常用赋香剂的种类及用途

赋香剂	性状	气味	用途
橘子油	黄色的油状液体	清甜的柑橘香气	冻类点心
薄荷油	无色、淡黄色或黄绿色明亮液体	薄荷香气，味初辛后凉	冻类点心
香兰素（香精）	白色结晶或白色粉末状	蛋奶香气，味苦	各式点心
吉士粉	黄色粉末状	浓郁的奶香和果味	西式面点

2. 使用赋香剂应注意的事项

(1) 使用赋香剂只能起到辅助原料增香的作用，用量过多，会使人有触鼻的刺激感，反而失去清雅醇和的香气。

(2) 赋香剂都有一定的挥发性，使用时应尽量避免高温，以免挥发失去作用。

(3) 使用后，要及时密封、避光，以免赋香剂挥发。

(五) 凝胶剂

凝胶剂是改善和稳定食品物理性质或组织状态的添加剂，可分为动物性、植物性和人工合成凝胶剂(表1-9)。

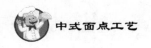

表1-9　常用凝胶剂的种类及用途

凝胶剂	来源	特点	运用
琼脂	海藻类植物石花菜和江蓠中提取	凝结力强、冻胶爽脆、透明度高	水果冻、杏仁豆腐、豌豆黄
明胶	动物的皮、骨、软骨、韧带和鱼鳞中提取	凝结力强、冻胶柔软而有弹性、不易渗水	水果嗜哩、棉花糖
果胶	天然的水果中提取	良好的水果风味	果酱、果冻

练　习

选择题

1. 按照面粉的等级分，用于制作大众点心的是(　　)。

A. 特制粉　　　　B. 标准粉　　　　C. 普通粉

2. 可以直接用于制作馒头、包子等发酵制品的面粉是(　　)。

A. 面包粉　　　B. 糕点粉　　　C. 自发粉　　　　D. 水饺粉

3. 面筋蛋白质主要是指麦胶蛋白质和(　　)。

A. 麦谷蛋白质　B. 麦清蛋白质　C. 麦球蛋白质

4. 用于制作糕团或粉团的米粉是(　　)。

A. 糯米粉　　　　B. 江米粉　　　　C. 粳米粉　　　　D. 籼米粉

5. 用水漂洗过后，把面粉里的粉筋与其他物质分离出来，剩下的就是(　　)。

A. 澄粉　　　　　B. 小米粉　　　　C. 湿磨粉　　　　D. 水磨粉

6. 用途最广泛的食糖是(　　)。

A. 白砂糖　　　　B. 绵白糖　　　　C. 红糖　　　　　D. 冰糖

7. 从动物乳中分离出来的脂肪和其他成分的混合物是(　　)。

A. 牛油　　　　　B. 羊油　　　　　C. 鸡油　　　　　D. 黄油

8. 鸡蛋通过加热变成熟鸡蛋属于(　　)。

A. 起泡性　　　　B. 乳化性　　　　C. 凝固性

9. (　　)是以牛、羊鲜乳为原料经浓缩后喷雾干燥制成的。

A. 鲜乳　　　　　B. 奶粉　　　　　C. 炼乳　　　　　D. 酸奶

10. 属于天然色素的是(　　)。

A. 焦糖　　　　　B. 苋菜红　　　　C. 柠檬黄　　　　D. 苹果绿

11. (　　)在面点制作中常用于糖浆的熬煮，防止糖浆出现返砂现象。

A. 食盐　　　　　B. 柠檬酸　　　　C. 糖精　　　　　D. 甜菊糖

12. 用于果酱、果冻的凝胶剂是( )。

A. 琼脂　　　　B. 明胶　　　　C. 果胶

13. 泡打粉属于( )。

A. 膨松剂　　　B. 着色剂　　　C. 赋香剂　　　　D. 凝胶剂

14. 面点中常用的凝胶剂是( )。

A. 柠檬酸　　　B. 琼脂　　　　C. 吉士粉　　　　D. 鲜乳

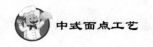

项目三　面点制作常用的设备和工具

任务目标
1. 熟悉制作面点的常用设备。
2. 学会使用常用的设备。
3. 熟悉制作面点的常用工具。
4. 学会使用常用的工具。

目前，我国大部分面点的制作仍以手工操作为主，但随着科学技术的发展，一些传统的手工操作将逐渐被机械所取代，使面点的制作朝卫生、快捷的方向发展。开发使用新设备，是面点发展的条件之一。

一、认识面点常用设备

按面点生产工艺流程顺序，面点设备可分为初加工设备、成型设备和成熟设备。

（一）初加工设备

（1）绞肉机。绞肉机（图1-1）用于绞肉馅、豆沙馅等，其原理是利用中轴推进器将原料推至十字花刀处，通过十字花刀的高速旋转，使原料成蓉泥。使用绞肉机绞肉时，肉一定要去掉韧带，并切成小条，否则易缠绕刀片，造成停机。

（2）磨浆机。磨浆机（图1-2）主要用于磨制米浆、豆浆等，其原理是通过磨盘的高速旋转，使原料呈浆蓉状。使用磨浆机时，要注意磨盘间距。间距过宽，磨出的浆质地粗糙；间距过小，容易损坏磨盘。

（3）搅拌机。搅拌机（图1-3）有立式、卧式两种。现饮食行业常用立式多功能搅拌机，它主要包括机身、不锈钢桶、搅拌头三部分。一般备有三种搅拌头：网状搅拌头用于搅拌蛋液或糖浆；片状搅拌头用于搅拌奶油或馅心；钩状搅拌头用于搅拌面团。扳动调节手柄可以根据搅拌对象调节搅拌速度。台式小型搅拌机一般用于搅打鲜奶油。

图 1-1 绞肉机　　　　　图 1-2 磨浆机　　　　　图 1-3 搅拌机

(二)成型设备

(1)案台。案台(图 1-4)又叫案板,是手工制作面点的工作台。制作面点时,和面、搓条、出剂、擀皮、成形等一系列工序,基本上都在案台上完成。案台有木质案台、不锈钢案台、大理石案台等,以木质案台最适用。

(2)压面机。压面机(图 1-5)的主要功能是将调制好的面团通过压辊之间的间隙,压成所需厚度的皮料。反复压制面团,有助于面筋的扩张,理顺面筋纹理,改善面团结构。卧式压面机还可以用在清酥类点心制作的开酥工艺中,以减少劳动强度,提高产品的质量。

(3)饺子成型机。目前,国内生产的饺子成型机(图 1-6)为灌肠式饺子机。操作时将和好的面、馅分别放入面斗和馅斗中,在各自"绞龙"的推动下,将馅充满面管形成"灌肠",然后通过滚压、切断,成单个饺子。操作饺子成型机时要注意面团、馅心的干湿度;注意调整皮、馅的比例。

(4)月饼成型机。月饼成型机(图 1-7)适合广式月饼的成型。其原理是将和好的面团和馅心分别放入面斗和馅斗中,然后通过面盘、馅盘分料包裹,再冲压成型。用它加工后的产品具有大小一致、重量均匀、花纹清晰等特点。

图 1-4 案台　　　　　　　　　图 1-5 压面机

图1-6　饺子成型机　　　　　　　　图1-7　月饼成型机

(三)成熟设备

(1)烘烤炉。烘烤炉(图1-8)适用于烘烤类制品。烘烤炉有隧道式烤炉、旋转式烤炉、柜(箱)式烤炉,前两种适合大批量生产,目前饮食行业常用的是柜(箱)式烤炉。从能源来源看,柜(箱)式烤炉可分为煤气烤炉、天然气烤炉、燃油烤炉、电烤炉。电烤炉又可分为远红外电烤炉与电热丝电烤炉,目前使用较多的是以远红外辐射为主的电热烤炉,远红外加热技术具有节能、高效、快捷的特点。

(2)微波炉。微波炉(图1-9)是近年来发展起来的一种新型加热设备。微波加热是通过微波元件发出微波能量,用波导管输送到微波加热器,使被加热的物体受微波辐射后引起分子共振产生热量,从而达到加热烘烤的目的。微波加热具有加热时间短、穿透能力强的特点。微波炉没有"明火"现象,制品成熟时缺乏糖类的焦糖化作用,色泽较差。

(3)平炉。平炉(图1-10)也称电煎炸锅,主要用于面点的煎、炸。现普遍采用远红外辐射加热技术。平炉炸锅一般由不锈钢或不沾涂料制成,配有滤油网,可调节温度,具有快捷、清洁卫生、移动方便等特点。

(4)蒸煮灶。蒸煮灶(图1-11)适用于蒸、煮等熟制方法。蒸煮灶有两种,一种是明火蒸煮灶,是利用明火加热,锅中的水沸腾产生蒸气,将生坯蒸、煮成熟;另一种是以电源为能源的远红外电蒸锅,是利用远红外电热管,将锅中水加热沸腾,达到蒸、煮的目的。

图1-8　烘烤炉　　　　　　　　　图1-9　微波炉

图 1-10 平炉

图 1-11 蒸煮灶

二、认识面点常用工具及保养

(一)常用工具

面点的制作,很大程度上要依赖各式各样的工具。因各地面点的品种以及制作方法上有较大的差别,因此所用的工具也有所不同。按面点的制作工艺,其制作工具可分为制皮工具、成型工具、成熟工具、其他工具等,见图 1-12。

通心槌、面杖、刮板、秤

印模

套模

模具

花嘴

粉筛

图 1-12 常用工具图

1. 制皮工具

(1)面杖。面杖是制作皮坯时不可缺少的工具。各种面杖粗细、长短不等,擀制面条、馄饨皮所用的面杖较长,用于油酥制皮或擀制烧饼的较短,可根据需要选用。

(2)通心槌。通心槌又称走槌,形似滚筒,中间空,供手杖插入轴心,使用时来回滚动。由于通心槌自身重量较大,擀皮时可以省力,是擀大块面团的必备工具,如用于大块油酥面团的起酥、卷形面点的制皮等。

(3)单手棍。单手棍又称小面杖,一般长 25~40 厘米,有粗细一致的,也有中间

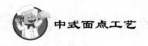

稍粗的，是擀制饺子皮的专用工具，也常用于面点的成型，如酥皮面点的成型等。

（4）双手杖。双手杖又称手面棍，一般长 25~30 厘米，两头稍细，中间稍粗，使用时两根并用，双手同时配合进行，常用于烧麦皮、饺子皮的擀制。

此外，还有橄榄杖、花棍等制皮工具。

2. 成型工具

（1）印模。印模多以木质为主，刻成各种形状，有单凹和多凹等多种规格，底部面上刻有各种花纹图案及文字。坯料通过印模成型，形成图案、规格一致的精美面点，如广式月饼、绿豆糕、晶饼、糕团等。

（2）套模。套模又称花戳子，用钢皮或不锈钢皮制成，形状有圆形、椭圆形、菱形以及各种花鸟形状，常用于制作清酥坯皮面点、甜酥坯皮面点及小饼干等。

（3）模具。模具也称盏模，由不锈钢、铝合金、铜皮制成，形状有圆形、椭圆形等，主要用于蛋糕、布丁、派、挞、面包的成型。

（4）花嘴。花嘴又称裱花嘴、裱花龙头，用铜皮或不锈钢皮制成，有各种规格，可根据图案、花纹的需要选用。花嘴运用时是将浆状物装入挤袋中，挤注时通过花嘴形成所需的花纹，如蛋糕的裱花、奶油曲奇裱花等。

（5）花钳和花车。花钳一般用铜片或不锈钢片制成，用于各种花式面点的钳花造型。花车是利用花车的小滚轮在面点的平面上留下各种花纹，如豆蓉夹心糕、苹果派等。

3. 成熟工具

成熟工具主要是与成熟设备相配套的工具，如烤盘、煮锅、炒勺、笊篱、锅铲等。

（二）其他工具

其他工具主要有刮刀、抹刀、锯齿刀、粉筛、打蛋帚、毛刷、馅挑、榴板、小剪刀等。

（三）面点设备、工具的使用与保养

面点制作的设备和工具种类较多，并且性能、特点、作用都不一样，生产者要使各种设备和工具在操作、使用中发挥良好的效能，就要正确掌握使用方法，对各种设备和工具妥善地保管和养护。

1. 熟悉设备工具性能，掌握正确的使用方法

使用设备工具时，要熟悉其性能，才能正确使用，发挥设备工具的最大效能。特别在未学会操作方法以前，使用机器设备时，切勿盲目操作，以免发生事故或损坏机件。在操作时，注意力必须集中，专心操作，以避免事故的发生，确保人身安全。

2. 做好设备工具的卫生和养护工作

面点是直接入口的食品，其卫生关系到人们的身体健康。在生产过程中除了必须做好个人的清洁卫生外，所用设备、工具的清洁卫生也不可忽视，特别是一些成

熟后还要进行工艺加工的食品，如接触了不洁器具，会造成污染。

（1）保持用具清洁，严格杀菌消毒。所用的案板、面杖、刀具以及盛放原料或半成品的盆、钵、桶等，用后必须洗刷干净并保持干燥。对一些容易滋生细菌的物品，如笼布、抹布、挤袋等，用后要放入沸水中蒸煮，漂洗干净后，保持干燥。用于熟食加工的用具，要严格杀菌消毒。

（2）机器设备使用后，要擦洗干净，保持干燥。机器设备在使用后，要擦洗干净，特别是对卫生死角，要注意清理。对能拆洗的零部件，如绞肉机的绞刀、搅拌机的搅拌头等，要清洗干净、擦干。这样，才能符合卫生要求，才能确保机器设备的正常运转。

（3）生熟食品用具必须严格分开。用来盛装生料的器具，不应盛装熟制品；用于加工生料的工具，不应用来加工熟制品。要做到生熟食品用具严格分开，避免熟制品受污染。

（4）定点存放，编号登记。制作面点的工具种类繁多，一般可按制皮工具、成型工具、成熟工具、其他工具归类存放，有条件的应编号登记，以便做到随用随有。例如，面杖、粉筛、刀剪、锅勺、裱花嘴之类混放在一起，不光使用时不方便，而且易出现粉筛被划破、面杖被磨伤等现象。

练 习

一、判断题（正确的打"√"，错误的打"×"）

1. 使用绞肉机绞肉时，肉不一定要去掉韧带。（   ）
2. 搅拌机中钩状搅拌头用于搅拌面团。（   ）
3. 平炉炸锅一般由不锈钢或不沾涂料制成，配有滤油网，可调节温度，具有快捷、清洁卫生、移动方便等特点。（   ）
4. 案台，又叫案板，是手工制作面点的工作台，以不锈钢案台最适用。（   ）

二、选择题

1. 制作馄饨皮时需用（   ）。
   A. 面杖　　　B. 通心槌　　　C. 单手棍　　　D. 双手杖
2. 制作月饼时，用的成型工具是（   ）。
   A. 印模　　　B. 套模　　　C. 模具　　　D. 花嘴
3. 烤盘属于（   ）。
   A. 制皮工具　　B. 成型工具　　C. 成熟工具　　D. 其他工具
4. 擀大块面团的必备工具是（   ）。
   A. 面杖　　　B. 通心槌　　　C. 单手棍　　　D. 双手杖

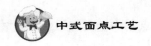

项目四　操作安全认知

任务目标
1. 明确面点操作间的卫生规程、安全规程。
2. 能够根据卫生规程、安全规程规范操作。

面点操作室是学习技艺的地方，只有安全、卫生的环境和严格的制度，才能帮助我们更好地学习技能并将所学知识运用到行业中去。

一、面点操作卫生规程认知

(一)面点操作间的基本环境卫生

(1)操作间干净、明亮，空气畅通，无异味。

(2)全部物品摆放整齐。

(3)机械设备(和面机、绞馅机等)、工作台(案板)、工具(面杖、刀剪、箩、秤等)、容器(缸、盆、罐等)做到"木见本色铁见光"，保证没有污物。

(4)地面保证每班次清洁一次、炉具每日打扫一次。

(5)抹布要保证每班次严格清洗一次，并晾干。

(6)冰箱内外要保持清洁、无异味，物品摆放有条不紊。

(7)不得在操作间内存放私人物品。

(二)工作台的清洗方法

(1)先将案板上的面粉清扫干净，并将面粉过箩倒回面桶。

(2)用刮刀将案板上的面污、黏着物刮下并扫净。

(3)用抹布或板刷带水将面案上的黏着物清洗，同时将污水、污物抹入水盆中，绝不能使污水流到地面上。

(三)地面的清洗方法

(1)先将地面扫净，倒掉垃圾。

(2)擦拭地面时，要注意擦面案、机械设备、物品柜下面，不留死角。

(3)擦拭地面应采用"倒退法"，以免踩脏刚刚擦拭的地面。

(四)抹布的清洁方法

(1)先用洗涤物品洗净抹布。

(2)将抹布放入开水中煮10分钟。

(3)再将抹布放入清水中清洗干净。

(4)将洗干净的抹布拧干水分,晾晒于通风处。

(五)面点操作间的卫生制度

(1)面点间员工必须持有健康证、卫生培训合格证。

(2)面点间员工必须讲究个人卫生,达到着装标准、工作服清洁,不允许穿着工作服去做与生产经营无关的工作。

(3)原料使用必须符合有效期内的规定,不准使用霉变和不清洁的原料。

(4)面点间食品存放必须做到生熟分开,成品与半成品分开,并保持容器的清洁卫生。

(5)随时注意面案、地面、室内及各种设备用具的清洁卫生,保持良好的工作环境。

(6)每天按卫生分工区域做好班后清洁工作。操作工具、容器、机械必须做到干净、整洁,接触成品的用具、容器以及抹布等要清洗干净。

二、面点操作安全规程认知

(一)用电安全

(1)要学习和熟练掌握各种机械设备的使用方法与操作标准,使用各种机械设备时应严格按规程进行操作,不得随意更改操作规程,严禁违章操作。设备一旦开始运转,操作人员不准随便离开现场。对于电器设备高温作业的岗位,作业中随时注意机器运转和油温的变化情况,发现意外及时停止作业,并及时上报老师。遇到故障不准随意拆卸设备,应及时报修,由专业人员进行维修。

(2)禁止使用湿抹布擦拭电源开关,严禁私自接电源,不准使用带故障的设备,下课后要做好电源和门窗的关闭检查工作。

(3)对于实习室的带电设备设施(灶台、抽油烟机及管罩、电烤箱、搅拌机等),要定期进行清理,在清洗厨房时,不要将水喷洒到电开关处,防止电器短路引起火灾。

(4)每次上、下课前由课代表逐一检查油路、阀门、气路、燃气开关、电源开关的安全情况,如果发现问题应及时报修,严禁私自进行处理。

(二)用具安全

(1)对学员使用的各种工具要进行严格管理,严格按要求使用和放置工具,不用时应将工具放在指定位置,不准随意拿工具吓唬他人,或用工具指对他人,操作完毕应将工具放在指定位置存放,不准随意把工具带出实习场所。

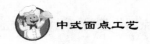

（2）学员个人的专用刀具，不用时应放在固定位置保管好，不准随意借给他人使用，严禁随处乱放，否则由此造成的不良后果，由刀具持有人负责。

（3）实习室的各种设备均由专人负责管理，他人不得随意乱动，定期检查厨房的各种设施设备，及时消除安全隐患。

(三)消防安全

（1）掌握厨房内消防设施和灭火器材的安放位置与使用方法，经常对电源线路进行仔细检查，发现超负荷用电及电线老化现象要及时报修。

（2）一旦发生火灾，应迅速拨打火警电话并简要说明起火位置，尽量设法自行灭火，并根据火情组织、引导学员安全撤离现场。

（3）使用燃气灶时要用点火棒点火，禁止先打开燃气自然火开关后点火。

（4）使用热油炸点心时，注意控制油温，防止油锅着火。

（5）在正常实习期间，实习室各出口的门不得上锁，要保持畅通。

(四)操作安全

（1）安全用电。使用电器时要谨防触电，不要用湿手接触电器。设备或电路使用前要认真检查有无破损，老师检查允许后，学生方可进行操作。用电结束后，应及时拔掉电源插头。

（2）应严格按规程进行操作，对各种器具必须轻拿轻放，发生创伤后，要及时到医务室进行处理。

（3）使用蒸气成熟点心时，上下蒸笼要注意用湿毛巾或棉手套垫笼，防止蒸气烫伤。

（4）用烤箱成熟点心时，烤盘进出烤箱要用湿毛巾或棉手套垫手，防止烫伤。

（5）禁止在实习场所追逐打闹，防止滑倒摔伤。

练 习

判断题(正确的打"√"，错误的打"×")

1. 操作完成后，应将多余的面粉全部倒入垃圾桶。（　　　）

2. 擦拭地面应采用"倒退法"，以免踩脏刚刚擦拭的地面。（　　　）

3. 抹布洗净后，直接晾晒干即可。（　　　）

4. 面点间员工必须持有健康证、卫生培训合格证。（　　　）

5. 在打扫操作室时应直接用水冲洗地面及墙面。（　　　）

6. 一旦发现设备有问题，应先自行处理，若不能解决，再上报老师。（　　　）

7. 在正常实习期间，为保证课堂秩序，应将实习室各出口的门上锁。（　　　）

8. 使用蒸汽成熟点心，上下蒸笼要注意用湿毛巾或棉手套垫笼，防止蒸汽烫伤。（　　　）

面点制作基本技术与馅心的制作

模块导读

我国的面点品种繁多，花色复杂，但就其基本操作的过程，从古到今，已经形成了一套科学而行之有效的、完整的操作程序和技术。这些操作程序和技术，虽因原料、成型、熟制的方法有别，但都有一个共同的操作程序。

只有熟悉和掌握每道程序，才能制作出符合质量要求的面点。其中正确的选料、面团调制(和面、揉面)成型的准备(搓条、下剂、制皮)、馅心调制等是面点成型前的工序，也是面点制作入门的重要基本功，只有学好并熟练掌握这些基本功，才能制作出符合要求的成品，并逐步提高面点制作的质量。

内容描述

本模块的内容包括 2 个项目、10 个学习任务，其中和面、揉面、搓条、下剂、制皮是坯皮制作基础，制馅是馅心制作基础。坯皮和馅心准备就绪，就可以进行点心的制作了。因此，本模块是面点制作的基本功训练和基本技术模块。通过本模块的学习，可以让读者掌握坯皮和馅心制作的基本手法与技巧以及相关的操作要领，经过反复训练，掌握面点操作的基本技能。

学习目标

1. 了解面点制作的基本程序。
2. 理解各种基本动作的种类及手法技巧。
3. 掌握和面、揉面、搓条、下剂、制皮、制馅的基本手法及适用范围。
4. 学会常用的基本技术动作。

学习时间：建议 36 课时。

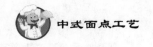

项目一　甜馅的制作

任务目标
1. 熟悉并掌握泥蓉馅、蛋奶馅的调制方法。
2. 掌握泥蓉馅、蛋奶馅制作的选料及加工知识。
3. 掌握泥蓉馅、蛋奶馅的制作关键。

一、泥蓉馅

（一）红豆馅

1. 用料配方

赤豆 1000 克，糖 1200 克，熟猪油 300 克。

2. 制作过程

（1）选用粒大、皮色红紫有光亮的赤豆；洗净去掉杂质，入锅加水浸没赤豆；用大火煮沸后，用文火焖。

（2）待水分基本吸干、赤豆酥烂时取出，放入摇肉机绞碎成沙（此为粗沙），或用铜丝筛连水搓擦去壳出沙，然后将豆沙用布袋装好吊干水分（此为细沙）。

（3）将糖、油炒化后加入豆沙同炒，炒至豆沙中水分基本蒸发、变干，呈稠糊状，用手试摸不粘手，上劲能成团即可起锅。

（4）豆沙炒好后盛入容器中，放在通风、凉爽的地方。热时勿加盖，否则会蒸气还水，易馊。炒好的豆沙一般可储存 10 天左右。

3. 制作关键

（1）煮赤豆要加足冷水一次煮好，赤豆煮沸后用文火焖，焖的越烂越好，使摇出的豆沙更加细腻。

（2）煮赤豆时放少量的碱，可加快酥烂。

（3）炒豆沙一定要先放猪油、糖，炒化后再加豆沙配料。切不可将豆沙、糖、油一起下锅，否则炒好的豆沙不爽口、发腻，而且容易渗水，不能久藏。

（4）豆沙放入锅内后要不停地炒，炒至比较干时改用小火，以免炒焦。豆沙炒至稠厚时会起泡、外溅，要注意防止烫伤。

30

4. 品质要求

香甜肥厚，质地细腻，色泽棕褐、光亮，软硬适宜。

(二)莲蓉馅

1. 用料配方

通心白莲 500 克，白糖 750 克，猪油 150 克，植物油 75 克。

2. 制作过程

(1)莲子洗净，浸泡 3 个小时，然后将莲芯取出(如果是已经去芯的莲子可省略这步)。去芯后的莲子加水，入蒸笼中蒸至松软，用手轻轻一捏就成泥状时下笼。

(2)将蒸好的莲子晾凉，倒入食品加工机，再加少许水，搅拌两分钟，搅烂成莲泥。

(3)锅内放部分猪油烧热，加白糖炒至金黄色，倒入莲蓉，用中火不停翻炒，分次加入剩余油脂，待水分炒干，莲蓉变稠，改用文火炒至莲蓉稠厚，不粘锅、勺、色泽金黄油润后，起锅盛入容器中，用熟猪油盖面，防止莲蓉变硬翻生。

3. 制作关键

(1)如莲子带芯则首先做去芯处理。

(2)磨莲蓉要求细滑，如不够则重复过筛。

(3)炒时最好用不锈钢锅，以使色泽纯正。

(4)白莲蓉馅的制作则省去炒糖工序，将白糖与莲蓉同时下锅炒至纯滑。

4. 品质要求

香甜嫩滑，有莲子香味。红莲蓉馅色泽金黄、质感油润；白莲蓉馅则色泽白里带象牙色。

(三)枣泥馅

1. 用料配方

枣子 1000 克，白糖 500 克，熟猪油 300 克。

2. 制作过程

(1)先将枣子洗净，用刀拍碎去核，再放入温水浸 1~2 小时，待枣子浸胖，放在笼上蒸烂。

(2)用铜丝筛擦去枣皮，将枣肉擦成厚泥。

(3)炒制时锅中加猪油，放入糖和少许枣汤煎熬，至糖熬化后，倒入枣泥，用文火炒至枣泥浓稠，上劲，锅内无声，香味四溢，显出光泽时，盛入容器。一般 500 克生枣可出枣泥 500 克左右。

3. 制作关键

(1)原料最好选用小红枣，香味浓郁，但价格贵，出率低；用黑枣质量稍差，与小红枣比，出率较高，价格也便宜些。

(2)初加工时应尽量减少原料的损失。例如，去枣核时，应尽可能地保留枣

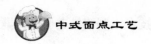

肉；擦枣泥时，皮上的肉要擦干净，以增加出泥率。

(3)枣泥炒制时，水分要炒干，否则不耐存放。

(4)除制作高档点心外，枣泥中一般可掺入一定比例的豆沙。

4. 品质要求

细腻滑爽，甜香鲜洁。

(四)荠菜猪油馅

1. 用料配方

荠菜2000克，净猪板油500克，绵白糖625克。

2. 制作过程

(1)把干净的板油撕掉表面的一层衣膜，在砧板上铺一层糖，放上板油，再放一层糖。一层糖夹一层板油叠齐，最后上面再铺一层糖，撤紧用快刀先切成条，然后切成2厘米左右见方的大丁，再用糖拌匀。

(2)荠菜拣去杂质、老根，洗净，入沸水锅内稍烫，换冷水漂清捞起，切成细末，挤干水，用少许糖拌匀，再倒入糖猪油丁拌匀，蜜制2天后用。

3. 制作关键

(1)板油衣膜必须剥掉，剥净。板油丁不能太大或太小，一般成大拇指大小，太大糖分渗透不进去，太小成熟后容易熔化掉。

(2)切成丁后一定要用糖拌匀，轻轻擦透，达到板油丁六面都沾上一层糖，放入容器内压紧。

(3)荠菜烫的时间不能过长，烫过后一定要用冷水漂清、漂凉。同时荠菜末要挤干水分。

4. 品质要求

口味鲜洁爽脆，清香可口，色泽晶莹剔透，是甜食点心的上好馅心。

(五)苏式馅

1. 用料配方

苏式馅的一般配料：砂糖600克，白糖猪板油丁350克，熟粉(蒸熟后过筛)300克，松仁120克，瓜仁100克，芝麻50克，核桃仁120克，青梅75克，橙丁50克，糕粉50克。

广式馅的一般配料：砂糖500克，糕粉250克，白糖猪板油450克，金橘300克，糖冬瓜500克，核桃肉400克，瓜子仁50克，杏仁50克，橄榄仁50克，熟芝麻250克，红丝100克，熟粉500克。

2. 制作过程

(1)苏式馅。

① 先将白糖猪板油切成小丁。

② 果料、蜜饯切碎，将白砂糖与糖渍猪板油加清水溶化，再加入芝麻、果料、

蜜饯等拌和，最后加糕粉或熟粉拌匀。

（2）广式馅。

① 杏仁、橄榄仁入温油中炸至金黄、酥香，沥干油。

② 金橘、糖冬瓜、核桃肉切成小丁，白糖猪板油也切成小丁。

（3）先将果仁、蜜饯和糖板油丁拌匀，再加入砂糖、适量水拌匀，最后加入糕粉或熟粉，拌至馅心软硬适度即成。

3. 制作关键

（1）切料颗粒要均匀，不可乱斩。

（2）应按糕粉吸水量加水。

（3）拌白砂糖时，要先全部溶解。同时拌果仁时要注意易碎的果料应后加入，以免拌碎成屑，影响其风味的显现。

4. 品质要求

松爽香甜，果香浓郁。

(六) 紫薯馅

1. 用料配方

紫薯 1000 克，细砂糖 350 克，酥油 50 克，即溶吉士粉 50 克，盐适量。

2. 制作过程

（1）将紫薯洗净去皮切丁，用淡盐水浸泡 10 分钟，以杀死紫薯中的氧化酶，捞出紫薯丁蒸熟。

（2）将蒸熟的紫薯丁放入搅拌机内搅打成蓉状后，使用滤网过滤一次，再放入糖和油搅拌均匀。

（3）最后放入即溶吉士粉充分搅匀，冷冻待用。

3. 制作关键

（1）紫薯熟制方法要采用蒸的形式，这样紫薯制作的馅心含水量低，利于成馅。

（2）熟的紫薯打好蓉后，最好使用滤网过滤，这样可以去除纤维杂质。

4. 品质要求

口味甜糯，口感细腻，特别是维生素和纤维素的含量尤其高，同时含有人体必需的铁、钙等微量元素。

知识链接

甜馅调制中原料的作用

（1）糖。糖是甜馅的主体，有一定的甜度、黏稠度、吸湿性、渗透性等，不仅可以增加甜味，还可以增加馅心的黏结性，便于馅心成团，并有利于保证馅心的滋

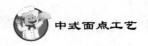

润，使之绵软适口。糖还有利于馅心的保存等。

（2）油。油在馅心中起滋润配料、便于黏结、增加馅心口味的作用。一般制馅用的油脂有熟猪油、花生油、豆油、黄油、芝麻油等。

（3）面粉。馅心加入熟面粉，可使糖在受热溶化时使糖浆变稠，防止成品塌底、漏糖。若不掺热面粉，糖受热溶化后变成液体状，体积涨大，易使制品爆裂穿底而流糖，食用时易烫嘴。馅心使用的面粉一般要经过熟化处理，蒸或炒制成熟。这样拌入馅心中不会形成面筋，使馅心在制品成熟时避免夹生、吸油吸糖或形成硬面团，使制品酥松化渣，如水晶馅就是用猪板油、白糖、熟面粉制成的。加入馅心中的面粉可用糕粉或淀粉代替。

（4）辅料。甜馅中的果料、果肉料等被称为辅料，对甜馅的风味构成起十分重要的作用，并对馅心的调制、制品的形成和成熟有较大影响。一般果料、果肉料等宜切成丁、丝等较小的形状，尤其是一些硬度大的辅料要尽量小，但不能过于细碎。总的原则是对突出其独有风味的辅料，在不影响制品成型、成熟的前提下应稍大，以突出其口感。

二、蛋奶馅

（一）广式奶黄馅

1. 用料配方

黄油1250克，砂糖1500克，鸡蛋30个，吉士粉150克，面粉400克，三花淡奶2瓶，椰浆1瓶。

2. 制作过程

（1）黄油置室温软化，用打蛋器低速搅打至顺滑，加入糖搅打至发白。

（2）分2~3次加入打散的鸡蛋，搅打均匀。

（3）所有的粉类混合过筛，加入打好的黄油中，与淡奶和椰浆拌成均匀的面糊。

（4）上蒸锅蒸1.5个小时左右，其中每间隔30分钟取出一次，用打蛋器搅散后再上锅蒸。

（5）蒸好后趁热用搅拌机搅散，然后用橡皮刮刀翻压至光滑平整，包上保鲜膜，放入冰箱冷藏1小时以上。

3. 制作关键

（1）奶黄馅若想要有松软起沙的口感，在蒸制的时候一定要每间隔30分钟取出一次，搅散后再上锅蒸，否则馅料会结成一块。

（2）存放的器皿预先要消毒，以防发生质变。

4. 品质要求

色泽鲜亮，甜香软滑，有浓郁的奶香味。

（二）抹茶馅

1. 用料配方

抹茶粉 10 克，玉米淀粉 60 克，糖 100 克，鲜奶 500 克，蛋黄 4 个，吉士粉 10 克，黄油 20 克。

2. 制作过程

（1）鲜奶 500 克加 50 克糖煮开。

（2）蛋黄加剩下的 50 克糖搅打至发白。

（3）玉米淀粉、抹茶粉和吉士粉过筛，加入蛋液中拌匀。

（4）煮沸的鲜奶倒入蛋液中搅匀，在小火上熬煮变浓稠。

（5）趁热用搅拌机搅散，加入黄油冷却，放入消毒过的容器中。

3. 制作关键

（1）蛋黄液尽量打发，蛋黄中混入空气和糖后，能避免加入热鲜奶时凝固。

（2）煮沸的牛奶缓缓倒入，以防蛋液凝固结块。

（3）小火熬煮时小心锅底焦糊。

4. 品质要求

色泽绿荫，甜香软滑，有浓郁的奶香味。

（三）榴莲馅

1. 用料配方

榴莲肉适量（用勺子压成泥），玉米淀粉 60 克，糖 100 克，鲜奶 500 克，蛋黄 4 个，吉士粉 10 克。

2. 制作过程

（1）鲜奶 500 克加 50 克糖煮开。

（2）蛋黄加剩下的 50 克糖搅打至发白，加入玉米淀粉和吉士粉拌匀。

（3）加入热鲜奶搅匀，在小火上熬煮变浓稠。

（4）趁热用搅拌机搅散，加入榴莲肉泥冷却，放入消过毒的容器中。

3. 制作关键

（1）榴莲肉原料要熟、甜、糯，生的不易制肉泥。

（2）煮沸的牛奶缓缓倒入，以防蛋液凝固结块。

（3）小火熬煮时小心锅底焦糊。

4. 品质要求

质感香甜软糯，柔滑，榴莲、奶香味浓郁。

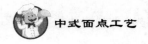

(四)流沙馅

1. 用料配方

咸蛋黄3颗，黄油75克，糖粉45克，奶粉50克，吉士粉50克。

2. 制作过程

(1)咸蛋黄烤熟，凉透压泥。

(2)奶粉、吉士粉、糖粉混合均匀。

(3)咸蛋黄泥与混合粉拌匀，加入溶化的黄油，放入冰箱冷冻。

3. 制作关键

蛋黄要烤熟，馅料要冷冻。

4. 品质要求

颜色金黄，成品一口咬下，如沙般的馅料满溢而出，甜而不腻。

------ 知识链接 ------

甜馅是以糖为基本原料，再配以各种豆类、果仁、蜜饯、油脂、奶类等，形成独特别致的风味的一类面点馅心。按其制作特点可分为生甜馅和熟甜馅两大类。甜馅料一般有泥蓉和碎粒两种。泥蓉是将原料分别采取不同的加工方法，如蒸煮焖烂成泥，或经焯水后搓擦成泥，也可碾磨成泥。碎粒就是将原料斩细剁碎，但在斩细剁碎之前，有的须经水泡、油炸、炒熟等过程。

熟甜馅一般是将原料制成泥蓉或碎粒，再加糖炒制(或蒸制)成熟的一类馅心。其特点是口味清甜油滑，质地细腻软糯，是广泛使用的馅心。常见的有豆沙、枣泥、薯泥、豆蓉、莲蓉、奶黄馅等。

生甜馅是将各种制馅原料经加工整理以后，再拌和而成。这类馅心工艺虽不复杂，但选料要求严格。例如，果仁馅就要求各种果仁一定要新鲜，不能有异味。常见的生甜馅有麻蓉、水晶、五仁、椰蓉、百果馅等。

做一做

(1)泥蓉馅在制作之前，一般要对所用原料进行初加工，如去皮、去壳、去核，煮熟或蒸熟制成泥蓉，再精加工(加糖炒或拌制)而成。按表2-1的要求制作豆沙馅。

表 2-1　泥蓉馅制作要求

馅心类型	考核内容	数量	重点步骤	操作时间	评分标准
泥蓉馅类	豆沙馅	500 克	泡豆煮豆、出沙、炒制、调味	50 分钟	1. 洗净，加清水用旺火烧开，改小火焖煮至豆酥烂 2. 出沙率高，沙细无豆皮 3. 不粘锅，不焦糊，深褐色，油亮 4. 软硬适度，口感甜而不腻，爽口无焦苦味

（2）蛋奶类馅心口感细腻、滋润、滑爽，深受青年人欢迎，是目前行业上较为流行的馅心。按表 2-2 的要求制作三花奶黄馅。

表 2-2　蛋奶馅制作要求

馅心类型	考核内容	数量	重点步骤	操作时间	评分标准
蛋奶馅类	三花奶黄馅	500 克	搅打鸡蛋、添加辅料、调味、蒸制	20 分钟	1. 鸡蛋搅打均匀，其他原料加入后也要搅拌均匀，糖要溶化 2. 蒸制过程中要经常搅动，防止沉淀 3. 成品色泽浅黄，质地细腻滑润，乳香味浓郁

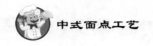

项目二　咸馅的制作

馅心又称馅子，是利用各种不同制馅原料经过精心加工、调制成能包入坯皮中的心子。面点馅心由于用料广泛、制法多样、调味多变而种类繁多。例如，按口味不同可分为咸馅、甜馅和咸甜馅；按馅心所用原料性质分类，可分为荤馅、素馅和荤素馅；按馅心制法又可分为生馅、熟馅；按原料的加工形态一般可分为丁、丝、片、泥、蓉等多种形态的馅心。本任务主要介绍一些常见的馅心。

一、肉馅类

(一)蒸饺肉馅

1. 用料配方

猪肋条肉(五花肉)400克，白酱油30克，白糖40克，麻油5克，鸡精10克，精盐15克，葱姜末10克，皮冻200克。

2. 制作过程

(1)将五花肋条肉洗净，剁成肉蓉，放入容器内。

(2)将白酱油30克、精盐5克、葱姜末和肉蓉拌匀，拌透后分2~3次放入清水共80克，沿一个方向搅拌上劲。

(3)肉馅上劲后加入白糖、鸡精、精盐(10克)麻油拌匀。

(4)将皮冻绞碎成蓉，拌入调好味的肉馅中即成蒸饺肉馅。

3. 制作关键

(1)皮冻制作一般分软冻和硬冻，夏季一般用硬冻，冬季多用软冻。

(2)加皮冻的肉馅，在加水时一般按照每500克肉加入100克的水计算。

4. 品质要求

胶质明显，弹性足，肉馅细腻，成熟后味道鲜美，汁多肥嫩。

(二)中包肉馅

1. 用料配方

猪肋条肉 400 克，酱油 75 克，白糖 30 克，麻油 5 克，鸡精 10 克，精盐 10 克，葱姜末 10 克。

2. 制作过程

(1)将猪肋条肉洗净，剁成肉蓉，放入容器内。

(2)将酱油、精盐 5 克、葱姜末和肉蓉拌匀，拌透后分 2~3 次放入清水共 100 克，沿一个方向搅拌上劲。

(3)肉馅上劲后加入白糖、鸡精、精盐(5 克)麻油拌匀即成。

3. 制作关键

(1)五花肉选择肥瘦比例一般为 4∶6。

(2)打水时一定要顺着一个方向，在上劲后，方可再次加水。

4. 品质要求

馅心滑嫩，熟后口味鲜咸适中，汁多鲜嫩。

(三)小笼肉馅

1. 用料配方

猪前腿肉 250 克，猪皮 300 克，酱油 25 克，黄酒 10 克，葱末 5 克，姜末 3 克，盐 5 克，味精 5 克，白糖 10 克。

2. 制作过程

(1)将猪前腿肉洗净，绞成细蓉。

(2)将猪皮熬煮成猪皮冻绞碎备用。

(3)猪肉蓉内加入黄酒、酱油、姜末、葱末、盐、味精、白糖，拌和成馅，加入绞碎的皮冻拌匀即成。

3. 制作关键

(1)猪肉的选择要肥瘦比例恰当。

(2)白糖的数量可根据不同地区的口味要求增减。

4. 品质要求

胶质明显，弹性足，肉馅细腻，成熟后味道鲜美，汁多肥嫩。

(四)牛肉馅

1. 用料配方

精牛肉 500 克，苏打粉 5 克，精盐 10 克，胡椒粉 5 克，料酒 15 克，酱油 70 克，味精 15 克，香油 25 克，白糖 30 克，色拉油 15 克，葱姜末各 15 克。

2. 制作过程

(1)将牛肉去除筋膜，洗净，绞成细蓉。

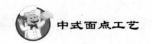

(2)在牛肉细蓉放入酱油、料酒、苏打粉、精盐搅拌均匀。分3次加入200克清水，顺一个方向搅拌上劲。然后放入葱姜末、白糖、胡椒粉、香油、味精、色拉油搅拌均匀成馅。

(3)可根据各自喜好及制作品种的不同，加入相应的蔬菜调和，如洋葱、白萝卜、韭菜、芹菜等。

3. 制作关键

(1)牛肉宜选用大里脊肉或较嫩的部分。

(2)苏打粉或嫩肉粉的使用量不可过大。

(3)肉馅调制时也可根据口味的不同，加入五香粉等调味品。

(4)与蔬菜搭配时，多选用具有去腥增香的蔬菜，如洋葱、萝卜、韭菜等。

4. 品质要求

肉馅细腻，弹性足，成熟后馅香味足。

(五)虾饺馅

1. 用料配方

生虾肉400克，猪肥膘肉100克，猪油70克，鸡精10克，麻油5克，胡椒粉2克，白糖15克，精盐15克，生粉5克，胡萝卜100克。

2. 制作过程

(1)将虾肉洗净，用干洁布吸干虾肉的水分，用刀背剁烂。

(2)猪肥膘肉入开水锅烫至刚熟，再用冷水漂洗待凉后切粒，胡萝卜切细丝，码盐回软与猪油拌匀。

(3)将剁烂的虾肉与生粉拌匀，再与精盐拌打，打至起胶状时，放入白糖、鸡精、麻油、胡椒粉、肥肉粒拌匀后再与胡萝卜丝拌匀即成。

3. 制作关键

(1)拌馅时，必须先将虾肉拌成虾胶，然后再与肥膘肉粒混合。

(2)拌馅忌姜、葱、黄酒、生水，否则馅心绵软不爽口。

(3)拌好馅后，最好放进冰箱冷冻一下，以便于包捏。

4. 品质要求

胶质明显，虾粒细小，馅心干洁，色彩美观，熟后爽口，有弹性。

(六)叉烧馅

1. 用料配方

叉烧肉500克，淀粉30克，白酱油20克，红酱油15克，麻油10克，白糖500克，猪油50克，蚝油20克，胡椒粉0.5克。

2. 制作过程

(1)将叉烧肉切成蚕豆大小的薄片备用。

(2)锅内放入清水烧开，加入红酱油、白酱油、猪油、蚝油、白糖、胡椒粉，大火烧开，淋入淀粉勾芡，制成叉烧肉包浆料。

(3)叉烧肉包浆料冷却后，倒入麻油、叉烧肉片拌匀即成叉烧馅。

3. 制作关键

(1)烧煮调味料时，出香即可，不可烧煮过头导致口味变化。芡汁浓度要适中。

(2)叉烧肉要切得大小均匀一致，便于入味及成型。

4. 品质要求

浆料与肉片拌和均匀，熟后味甜，松滑甘香，鲜美可口。

--------- 知识链接 ---------

拌制猪肉馅的技术要领

馅心制作是否符合品质要求，不仅关系到制品口感，还将影响制品成型。拌制猪肉馅，要注意以下几个关键环节。

(1)正确选料。猪肉馅应选用"前夹心肉"为原料。其特点是肉质细嫩，筋短且少，有肥有瘦，肥瘦相间，调制时吃水多，胀发性强，制成馅心，鲜嫩适口，有肥厚之感。瘦肉与肥肉的比例一般为6∶4或5∶5，肥肉太多会使馅心产生油腻感，瘦肉太多馅心会显得较老。

(2)注意加工方法。以剁成蓉为宜，肉要剁得细，不能连刀或有未剁碎的小块。目前大多使用机器粉碎猪肉，加工速度和效果比手工操作强很多。

(3)灵活使用调料。味道是否鲜美、咸淡适口，与正确掌握调料有密切关系。拌制好的肉馅，如不马上使用，应少放料酒，因酒中乙醇遇热容易使肉产生酸味。可用葱、姜、胡椒粉等去腥增香。使用调料南北各异，南方可适当增加一些糖，北方则可少放一些糖。

(4)正确掌握吃水量。吃水也称加水，是使肉馅鲜嫩含卤的好方法，是北方常用的方法，如著名的天津狗不理包子的肉馅就是加水搅拌的。剁成或绞成的肉馅，肉质黏而老重，为使肉质松嫩多汁必须适当加一些水，但必须准确掌握吃水量。水太少则肉馅不嫩，水太多则肉馅会出水，不易成形。吃水量一般根据肉的肥瘦以及肉的质量而定。新鲜夹心肉吃水较多，每500克肉可吃200克左右的水，500克五花肉吃水120克左右。这样的水量，肉馅搅拌后，能形成稠粥糊状。水和调料投放要有先后顺序，一般先放盐、酱油，后放葱姜汁，否则调料不能渗透入味，而且水分也吸不进去。加水时可采用多次加入法，否则由于一次"吃"不进这么多水，会出现瘦肉、肥肉和水分分离的现象。加水后要顺着一个方向搅拌，搅动要用力，边搅边加水，搅到吃水充足、肉质起黏性为止，这就是一般所称的肉馅上劲。肉馅只

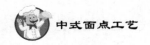

有上劲了，水才不会被吐出来，不然馅馅时，水分就会吐出来。

（5）掺冻方法。为了增加馅心卤汁，在包馅时仍保持其稠厚状态，可以在搅拌肉馅时适当掺入一些皮冻，如小笼包、汤包等的馅心，都掺有一定数量的皮冻。掺冻量的多少，应根据制品皮坯的性质与品种的要求而定，组织紧密的皮坯，如水调面或嫩酵面制品掺冻量可以多些，汤包的掺冻量最高，每500克肉馅掺300克左右皮冻；而用发酵面团制皮坯时，掺冻量则应少一些，每500克掺200克左右。否则汤汁太多，被皮坯吸收后，易发生穿底、漏馅等现象。

皮冻的制作方法

皮冻也叫"皮汤"，简称"冻"。常用的皮冻有两种，一种是用鸡肉、猪肉、鸡爪、猪爪、猪蹄等较高档的富含胶原蛋白质的原料制成。具体制作方法是将原料与水以1：3的比例配好，烧煮、焖烂后，端锅离火，将原料捞出，待汤冷却凝结成冻时，将其切碎投入肉馅拌匀即可。这种冻也可以直接用来做馅，如扬州汤包的馅心就是用这种冻做馅心的，其特点是汤汁鲜美、味道醇厚，但成本较高。另一种皮冻则是用肉皮熬制而成，其方法是将肉皮洗净，除掉猪毛和肥膘，整理洗涤干净后，放入锅中，加水，将肉皮浸没，在明火上煮至手指能捏碎时捞出，然后将肉皮用绞肉机绞碎或用刀剁成粒末状，再放入原汤锅内加葱段、料酒、姜块，用小火慢慢熬煮，并不断舀去浮起的油污直到呈黏糊状后盛出，装入洁净的容器内冷却（最好过滤一下）凝结成皮冻。皮冻的加水量一般为(1：2)~(1：3)，即500克肉皮可加1500克水，可按气候变化增减，夏天水少放一些，以免制成的硬冻遇热融化；冬天水可多放一些制成软冻。使用时，需将皮冻再绞碎或剁碎掺入肉馅中。

二、菜肉馅类

（一）韭菜肉馅

1. 用料配方

猪肋条肉300克，韭菜250克，酱油30克，白糖5克，麻油5克，鸡精10克，精盐20克，胡椒粉5克，葱姜末10克。

2. 制作过程

（1）将猪肉洗净，绞成细蓉。加入酱油、盐、鸡精、白糖、胡椒粉、葱姜末拌匀。

（2）将韭菜摘洗干净，控干水分，用刀切成细末。

（3）将韭菜内先倒入少许色拉油或者麻油拌匀，然后与调好味的肉泥拌匀即成。

3. 制作关键

（1）韭菜以选用紫根、叶窄细的"土韭菜"最好。

(2)调制韭菜时，要先用油将切好的韭菜拌匀，避免盐和韭菜直接接触，防止吐水。

(3)韭菜与肉的比例可根据不同口味的要求变化。

4. 品质要求

韭菜成均匀的细末状，馅心有黏性，无吐水现象，韭菜味浓郁。

(二)药芹肉馅

1. 用料配方

猪肋条肉 300 克，药芹 250 克，酱油 30 克，白糖 5 克，精盐 20 克，鸡精 10 克，胡椒粉 5 克，麻油 5 克，葱姜末 10 克。

2. 制作过程

(1)将猪肉洗净，绞成细蓉，加入酱油、盐、鸡精、白糖、胡椒粉、葱姜末拌匀。

(2)将药芹择洗干净，用沸水汆一下，然后立即用凉水冲凉，用刀切成细末，放入布袋内挤干水分。

(3)将药芹末内先倒入少许色拉油或者麻油拌匀，然后与调好味的肉泥拌匀即成。

3. 制作关键

(1)药芹应选择翠绿鲜嫩、味道浓郁的。

(2)调制药芹时，要先用油将切好的药芹拌匀，避免盐和药芹直接接触，防止吐水。

(3)药芹与肉的比例可根据不同口味的要求变化。

4. 品质要求

药芹成均匀的细末状，馅心有黏性，无吐水现象，芹香味浓郁。

(三)三丁馅

1. 用料配方

猪肋条肉 400 克，鸡脯肉 100 克，竹笋 100 克，酱油 70 克，精盐 5 克，鸡精 10 克，胡椒粉 5 克，麻油 5 克，白糖 20 克，猪油 100 克，湿淀粉 20 克，葱姜段 10 克，葱姜末 10 克。

2. 制作过程

(1)将猪肉、鸡脯肉洗净汆水，然后放入汤锅内加葱姜段、清水，煮至七成熟，捞出晾凉，竹笋汆水后晾凉。

(2)将猪肉切成 0.7 厘米见方的肉丁，鸡脯肉切成 0.8 厘米见方的鸡丁，竹笋改刀成 0.5 厘米见方的笋丁，俗称"三丁"。

(3)炒锅上火，放入猪油滑锅，倒入葱姜末煸出香味，再放入"三丁"进行煸炒。然后加入酱油、盐、白糖，适量鸡汤或肉汤，熬煮至上色、入味。再放入鸡

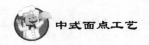

精、胡椒粉、麻油，用大火收稠汤汁，加湿淀粉勾芡，拌匀，使"三丁"充分吸进卤汁，放入容器内晾凉即成。

3. 制作关键

(1)为保证"三丁"的规格一致，根据三种原料受热后的不同收缩程度，改刀时要根据要求大小区分。

(2)用鸡汤或肉汤烩制"三丁"，这样才能更入味。

4. 品质要求

"三丁"颗粒均匀，黏性足。成熟后馅心软硬相宜，口感软中有脆，油而不腻。

(四)白菜肉馅

1. 用料配方

猪肋条肉 200 克，白菜 500 克，酱油 20 克，白糖 5 克，精盐 30 克，鸡精 10 克，胡椒粉 5 克，麻油 5 克，葱姜末 10 克。

2. 制作过程

(1)将猪肉洗净，绞成细蓉，加入酱油、盐、鸡精、白糖、胡椒粉、葱姜末拌匀。

(2)将白菜去根、边皮，择洗干净，用刀切成细末，用盐腌渍 15 分钟后，放入布袋内挤干水分。

(3)将挤干水分的白菜末与调好味的肉泥拌匀即成。

3. 制作关键

(1)白菜汁多鲜嫩，所以要用盐腌制后去水，否则会导致馅心出水。

(2)肉蓉调制时，可视情况少加水，或者不加水。

4. 品质要求

馅心细腻有黏性，无吐水现象，成熟后爽口多汁，味道鲜美。

(五)雪菜肉馅

1. 用料配方

猪肋条肉 300 克，雪菜 400 克，酱油 100 克，白糖 150 克，鸡精 10 克，麻油 10 克，猪油 200 克，葱姜末 15 克。

2. 制作过程

(1)将雪菜摘洗干净，放入清水浸泡去除咸味，用刀切成细末，挤干水分备用。

(2)将猪肉洗净汆水，煮至七成熟，晾凉后切成 0.3 厘米见方的小丁。

(3)炒锅上火，放猪油、葱姜末略煸，放入肉丁，加酱油、白糖煸炒后放入清水，煮沸入味。最后放入雪菜，用小火焖 10 分钟，待卤汁充分吸收后，加入鸡精、麻油，起锅冷却即成。

3. 制作关键

(1)雪菜必须充分浸泡，去除咸味。

(2)雪菜喜糖、油,故在制馅时,这两种调料要偏多一点。

4.品质要求

馅心鲜嫩翠绿,成熟后香润可口。

知识链接

馅心制作的要求

1.水分和黏性要合适

生菜馅:一般选用新鲜的蔬菜,鲜嫩、柔软,但是蔬菜水分较多,会造成馅心黏性很差。因此一定要减少水分、增加黏性。减少水分的方法是菜切好以后,挤压水分,通常是用一块纱布把菜包起来,用力挤水;另外,还可以添加油脂、鸡蛋、酱等辅料来增加馅的黏性。

生肉馅类:荤馅生的黏性很大,因此要增加水分,减少黏性。例如,京式面点中的"水打馅",苏式面点中的"掺冻"都是增加水分的方法。这样制成的馅心肉嫩汁多、味道鲜。

熟馅:缺点是黏性很差,这样馅心就容易松散。一般采用勾芡的方法,增加卤汁浓度和黏性。

甜味馅:通常是通过蒸、煮或者加熟油的方法来调节馅心的干湿度,另外,在炒制过程中可以加糖、油来调节馅心的黏性。

2.馅料宜细碎

一般要将原料按照要求加工成细丝、丁、粒、蓉等细小形状,便于制品成熟和包捏成型。

3.口味稍淡

口味要比一般菜肴的口味稍微淡一些。主要是因为面点制熟时卤汁会变浓,且面点一般是空口食用。但具体调制时,要根据面点的特点和要求而定,如水煮的点心,因为水分会使盐流失,可以适当咸一些。

4.根据面点的成型特点来制作馅心

馅心要根据制品的要求调节软硬度、干湿度,避免面点制熟时走形、塌陷。

三、素菜馅类

(一)梅干菜馅

1.用料配方

梅干菜300克,五花肉丁100克,酱油100克,白糖150克,鸡精10克,麻

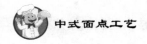

油 10 克，猪油 200 克，葱姜末 15 克。

2. 制作过程

(1)将梅干菜择洗干净，放入沸水浸泡，捞出洗净，用刀切成细末，然后再放入沸水中烫制一下，放入布袋内挤干水分备用。

(2)将五花肉洗净，切成 0.3 厘米见方的小丁。

(3)炒锅上火，放猪油、葱姜末略煸，放入肉丁，加酱油、白糖煸炒后放入清水，煮沸入味。最后放梅干菜，用小火焖至收汤，待卤汁充分吸收后，放入鸡精、麻油，起锅冷却即成。

3. 制作关键

(1)梅干菜必须用热水充分浸泡，去除咸、涩味。

(2)梅干菜喜油，故在制馅时，油要偏多一点。

4. 品质要求

咸中带甜，成熟后香润可口，油而不腻。

(二)萝卜丝馅

1. 用料配方

白萝卜 1000 克，五花肉丁 100 克，酱油 70 克，白糖 5 克，精盐 15 克，鸡精 10 克，麻油 5 克，猪油 200 克，青蒜末 20 克，葱姜末 15 克。

2. 制作过程

(1)将萝卜去皮洗净，切成细丝。用盐腌制 15 分钟，挤干水分。

(2)将五花肉洗净，切成 0.3 厘米见方的小丁。

(3)炒锅上火，放猪油、葱姜末略煸，放入肉丁，加酱油、白糖煸炒入味，放入萝卜丝、猪油炒拌均匀，再加麻油、鸡精、青蒜末，拌和均匀起锅冷却后即成。

3. 制作关键

(1)萝卜丝粗细均匀，不可过粗。用盐腌渍后水分要挤干。

(2)萝卜吃油，因此多用猪油制馅。

4. 品质要求

萝卜丝粗细均匀，辣香味足，口味咸鲜。

(三)素三鲜馅

1. 用料配方

竹笋 250 克，蘑菇 150 克，水发香菇 150 克，白糖 20 克，精盐 5 克，鸡精 10 克，麻油 20 克，酱油 25 克，色拉油 50 克，湿淀粉 20 克，葱姜末 10 克。

2. 制作过程

(1)将蘑菇、竹笋、香菇，分别汆水，切成米粒大小的丁。

(2)炒锅上火，放色拉油、葱姜末略煸，放入"三丁"，加酱油、盐、白糖煸炒，放入清水，烧沸入味后勾入芡汁，放入鸡精、麻油，起锅冷却后即成。

3. 制作关键

(1)竹笋受热后收缩度小，在切制时要比香菇、蘑菇略小些。

(2)芡汁厚度适中，过薄不宜上馅，过厚影响口感。

4. 品质要求

馅心软硬相宜，黏性足，清爽适口。

(四)雪菜冬笋馅

1. 用料配方

雪菜400克，冬笋200克，酱油70克，白糖100克，鸡精10克，麻油10克，猪油300克，葱姜末20克。

2. 制作过程

(1)将雪菜择洗干净，放入清水浸泡去除咸味，用刀切成细末，挤干水分备用。

(2)将冬笋去老皮，入沸水氽烫，冷水冲凉，切成0.3厘米的小丁。

(3)炒锅上火，放猪油、葱姜末略煸，放入冬笋丁，加酱油、白糖煸炒后放入清水，煮沸入味。最后放入雪菜，用小火焖10分钟，待卤汁充分吸收后，起锅冷却即成雪菜冬笋馅。

3. 制作关键

(1)雪菜必须充分浸泡，去除咸味。

(2)雪菜喜糖、油，在制馅时，这两种调料要偏多一点。

4. 品质要求

馅心鲜嫩翠绿，成熟后香润可口。

(五)素菜什锦馅

1. 用料配方

青菜1000克，方豆干30克，水发金针菜30克，水发木耳15克，水发香菇20克，白果10克，栗子肉10克，竹笋10克，山药50克，枣肉10克，油面筋15克，色拉油200克，白糖20克，精盐20克，鸡精10克，麻油15克，葱姜末10克，湿淀粉25克。

2. 制作过程

(1)将方豆干、木耳、香菇、白果、栗子肉、竹笋、山药、枣肉、油面筋等分别洗净，切成小丁，俗称"什锦丁"。

(2)炒锅上火，放色拉油、葱姜末略煸，放入"什锦丁"煸炒，加盐、白糖煸炒后放入清水，烧沸入味后勾入芡汁，起锅冷却待用。

(3)将青菜择洗干净，入沸水锅氽水，捞出立即用冷水冲凉，切成细末，挤干水分。放容器内，加入什锦丁、色拉油、麻油、鸡精拌匀即成。

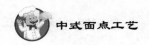

3. 制作关键

(1)各原料要分别汆水，初步熟处理。

(2)芡汁厚度适中，过薄不宜上馅，过厚影响口感。

4. 品质要求

馅心软硬相宜，黏性足，清爽适口。

知识链接

制馅干货原料的涨发

干货涨发处理是根据制馅的目的和要求，采用相应的方法使干货原料的组织膨松、吸水回软，从而达到制馅要求的加工过程。常用的涨发方法有水发(分冷水、热水、温水)碱发、煮发、蒸发等。

常用干货原料的涨发处理方法如下。

(1)木耳。一般用冷水或者温水直接泡发，等泡发以后去除根蒂，洗去杂质，更换干净的清水浸泡待用。

(2)香菇。将香菇放入无油的容器中，倒入热水浸泡至全部回软，内无硬茬时捞出。剪去老根，洗去泥沙和杂质，另换清水浸泡备用。浸泡香菇的水可用于调馅。

(3)梅干菜。将梅干菜放入容器中，倒入热水浸泡2~3小时，捞出用冷水清洗干净，去除菜头。然后再用热水浸泡发透、烫去涩味，挤干水分备用。

(4)黄花菜。将黄花菜用温水泡软后捞出，择净顶部硬梗及杂质，再放入冷水中浸泡即可使用。

(5)马齿菜。将马齿菜洗净、去除杂质，放入容器中用温水浸泡1小时左右，捞出挤干水分，即可使用。

做一做

(1)猪肉馅是面点常用馅心，用途十分广泛，是面点初学者必须掌握的一类馅心。具体考核标准见表2-3。按表2-3的要求制作猪肉馅。

表 2-3　肉馅制作要求

馅心类型	考核内容	数量	重点步骤	操作时间	评分标准
肉馅类	猪肉馅	500 克	原料初加工、调味、加水或掺冻	15 分钟	1. 主配料形态细小，便于包捏 2. 调味品用量准确，口味鲜美 3. 能根据肉的含水量灵活掌握加水量，搅打手法正确，肉馅上劲不吐水 4. 肉质滑嫩，色泽鲜明，鲜美有汁，软硬度符合要求

（2）菜肉馅种类繁多，营养搭配合理，是广受欢迎的馅心。按表 2-4 的要求制作荠菜猪肉馅。

表 2-4　菜肉馅制作要求

馅心类型	考核内容	数量	重点步骤	操作时间	评分标准
菜肉馅类	荠菜猪肉馅	500 克	原料初加工、调味、搅拌	15 分钟	1. 荠菜清洗干净，焯水适当，水分含量适宜 2. 主辅料形态细小，便于包捏 3. 调味品用量准确，口味鲜美，色泽鲜明 4. 搅打手法正确，肉馅上劲不吐水 5. 荤素搭配，营养合理，鲜美不腻，软硬适度

（3）素菜馅在制作之前，一般要将所有蔬菜进行粗加工，制作方法有炒制和拌制两种。其制作要求见表 2-5。

表 2-5　素菜馅制作要求

馅心类型	考核内容	数量	重点步骤	操作时间	评分标准
素菜馅类	雪菜冬笋馅	500 克	原料初加工、炒制、调味	15 分钟	1. 雪菜、冬笋加工方法正确 2. 主辅料形态细小，便于包捏 3. 调味品用量准确，口味鲜美，色泽鲜明 4. 炒制火候恰当，馅心鲜嫩翠绿，成熟后香润可口

49

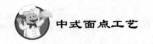

练 习

一、判断题(正确的打"√",错误的打"×")

1. 青菜做馅时,应先经焯水,并且要挤干水分。( )

2. 俗称的"三丁"一般指猪肉丁、鸡肉丁和香菇丁。( )

3. 拌制生菜馅时加入油、鸡蛋的目的主要是为了增加黏性。( )

4. 拌制雪菜肉馅时,可以适当多放一点糖、油。( )

5. 白菜做馅时要用盐腌制后进行去水处理,否则会导致馅心吐水。( )

6. 在制馅时,"口味略淡"是基本原则。( )

二、选择题

1. 虾饺馅内加肥膘肉可以增加馅的( )。

A. 滋润度　　　　B. 爽度　　　　C. 色泽　　　　D. 口味

2. 皮冻是每 1000 克肉皮中加入清水( )克,故比较容易凝结,多在夏天使用。

A. 500~1000　　B. 1000~1500　　C. 1500~2000　　D. 2000~2500

3. 一般 500 克的新鲜夹心肉,吃水量在( )克左右。

A. 100　　　　　B. 200　　　　　C. 300　　　　　D. 400

4. 猪肉馅应选用( )部位最合适。

A. 腿心肉　　　　B. 前夹心肉　　C. 后夹心肉　　D. 里脊肉

5. 牛肉中,品质最佳的是( )。

A. 牦牛肉　　　　B. 黄牛肉　　　C. 水牛肉　　　D. 奶牛肉

6. 由于生肉馅水分少、黏性足,调制时通常要加入( )。

A. 油　　　　　　B. 水或者皮冻　C. 糖　　　　　D. 面粉

7. 胀发香菇,最好用( )浸泡。

A. 冷水　　　　　B. 温水　　　　C. 热水　　　　D. 沸水

8. 制作干菜馅时,木耳应选用( )者为好。

A. 肉厚　　　　　　　　　　　B. 肉厚、有光泽

C. 肉厚、有光泽、无皮壳　　　D. 无皮壳、肉厚

9. 鲜竹笋含有较多的( ),故食用时要先焯水或焐油处理。

A. 碳酸　　　　　B. 单宁物质　　C. 植物碱　　　D. 草酸

10. 竹笋中品质最好的是( )。

A. 春笋　　　　　B. 夏笋　　　　C. 鞭笋　　　　D. 冬笋

11. 馅心按所用原料性质可分为( )。

A. 荤馅　　　　　B. 生馅　　　　C. 素馅　　　　D. 荤素馅

12. 制作甜馅的原料形态一般以（　　　）为好。

A. 整粒　　　　　B. 细碎　　　　　C. 大丁　　　　　D. 粗粒

13. 用干果原料做甜味馅心时，对干果的加工只能（　　　）。

A. 剁碎　　　　　B. 切碎　　　　　C. 碾碎　　　　　D. 轧碎

14. 加入甜味馅心中的糕粉是指（　　　）。

A. 生面粉　　　　B. 熟面粉　　　　C. 生米粉　　　　D. 熟米粉

15. 用来拌制麻蓉馅的芝麻是指（　　　）。

A. 生芝麻　　　　B. 熟芝麻　　　　C. 生芝麻蓉　　　D. 熟芝麻蓉

16. 黄油入馅，需（　　　）。

A. 直接加入　　　　　　　　　B. 融化后加入

C. 用搅拌机打发后加入　　　　D. 擦软后加入

17. 属于熟甜馅的是（　　　）。

A. 水晶馅　　　　　　　　　　B. 果仁蜜饯馅

C. 豆沙馅　　　　　　　　　　D. 百果馅

18. 为了便于点心包捏成形，蛋奶类馅心一般都需要（　　　）。

A. 加热煮沸　　B. 冷冻　　C. 擦至软化　　D. 直接使用

水 调 面 团

模块导读

　　水调面团主要由面粉和水混合调制而成，又称为"呆面""死面"。水调面团的特点是：组织严密，质地坚实，内无蜂窝孔洞，不膨胀，富有弹性、韧性和可塑性。

内容描述

　　根据面团调制时所用水温不同，水调面团又分为冷水面团、温水面团和热水面团三种。

学习目标

　　1. 了解水调面团的定义和特点。
　　2. 熟悉冷水面团、温水面团和热水面团的调制方法。
　　3. 熟练掌握水饺、月牙饺、四喜饺等的技艺和操作要领。

项目一 冷水面团实例——面条

任务目标
1. 了解和面、揉面、搓条、下剂、制皮的概念。
2. 熟悉和面、揉面、搓条、下剂、制皮的方法与质量标准。
3. 掌握和面、揉面、搓条、下剂、制皮的基本手法与操作要领。
4. 掌握和面、揉面、搓面、搓条、下剂、擀圆、成型等操作技能。
5. 掌握各种不同水温的调制方法。

和面、揉面、搓条、下剂、制皮是面点成形前的坯皮制作基本技术,各技术环节环环相扣,每一个环节能否达到质量要求,直接关系到下一个环节的正常进行与否,从而最终决定成品的质量。

一、和面

(一)基本概念

和面是依据面点制品的要求,将粉料与水、油、蛋等辅料调制成面坯的过程。和面是面点制作的第一道工序,是面坯调制的重要环节,和面的好坏会直接影响面点成品品质和制作工艺的顺利进行。

(二)基本方法

和面的方法有 3 种,但无论采用哪种方法和面,都要讲究动作迅速,干净利落,尤其是和烫面时更应如此,否则和出的面将半生不熟。

(1)抄拌法。将面粉放入容器内,在中间扒开一个面窝,加入水,双手由外向内、从容器底部向上反复抄拌,直到面粉与水充分混合成雪花状薄片为止。在用粉量较多的情况下可采用此法调制。

(2)调和法。将面粉放在案板上,中间开一个窝,将适量的水倒入面窝中,双手张开,从内向外,先慢后快,逐步调和,使面粉与水充分结合成薄片状为止。在用粉量较少的情况下可采用此法调制(图3-1和图3-2)。

(3)搅拌法。将面粉放入容器内,左手浇水,右手持工具搅拌,边浇水边搅拌,搅拌速度先慢后快,把面粉搅成团状即可。这种方法一般用于调制烫面、蛋糊

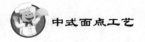中式面点工艺

面等(图 3-3 和图 3-4)。

图 3-1　调和法和面准备

图 3-2　调和法和面

图 3-3　搅拌法和面准备

图 3-4　搅拌法和面

　　(4)机械和面。目前调制大量面坯普遍使用和面机,机械和面大大减轻了面点厨师的劳动强度,提高了工作效率,是面点制作走向现代化、规模化、标准化、规范化的重要途径。机器和面通过和面机搅拌桨的旋转,将主、辅料搅拌均匀,并经过挤压、揉捏等作用,使粉粒互相粘结成坯。和面机见图 3-5 和图 3-6。

图 3-5　立式和面机

图 3-6　卧式和面机

（三）质量标准

水粉融合，粉料吃水均匀，坯不夹粉粒，软硬适当，符合面坯工艺性能要求。卫生要达到"三光"，即手光、面光、案板（缸和工具）光。

（四）操作要领

（1）掌握好掺水比例。初学者最好不要一次加足水，一般分3次为宜，第一次加入总量的70%左右，第二次20%左右，最后只是补充。加水量要根据制品的要求、季节、面团的性质以及粉料的吸水情况而定。

（2）注意站立姿势。和面时用力较大，要求站立和面，两脚成丁字步，两腿稍分开，身体略向前倾，两臂自然放开，也可在适当时间采取马步，身体离案板应有一拳的距离，以免用力过猛使案板移动。

（3）做好收尾工作。和面时少量的湿面将沾在手和案板上，和面完毕后必须马上清理。沾在案板上的面可用面刮刀刮去，沾在手上的可双手对搓去掉，要做到手光、案板净。面团和好后一般都要用干净的湿布或保鲜膜盖上，以防面团表面干燥、结皮和裂缝。

二、揉面

（一）基本概念

揉面是指将和好的面坯经过反复揉搓，使粉料与辅料的调和更为均匀，形成柔润、光滑的符合质量要求的面坯的过程。

（二）基本方法

不同面团或同种面团的制品不同，揉面的方法也不相同，揉面主要有揉、擞、擦、摔、捣、叠等6种动作。

1.揉制法

根据面坯的性质和制品的要求，揉制法有单手揉、双手揉、双手交叉揉三种，水调面常用揉制法调制。

（1）单手揉。左手压住面坯的一头（后部），右手掌根将面坯压住向前推，将面坯摊开，再卷拢回来，翻上接口转90°，再继续摊卷，如此反复，直到面坯揉透。一般用于较少的面坯（图3-7）。

（2）双手揉。用双手的掌根压住面坯，用力向外推动，把面坯摊开，再从外向内卷起形成面坯，翻上接口转90°，继续再用双手向外推动摊开、卷拢，直到揉匀揉透、面坯表面光滑为止（图3-8）。

（3）双手交叉揉。双手交叉用掌根将面坯向两侧推平摊开，再用双手从前向后卷起，翻上接口转90°，再次双手交叉用掌根将面坯推开、卷起，如此重复，直到面坯揉匀揉透（图3-9）。

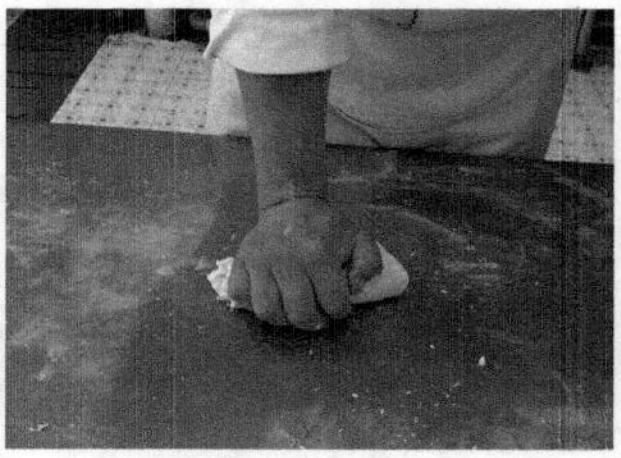

图 3-7　单手揉

图 3-8　双手揉

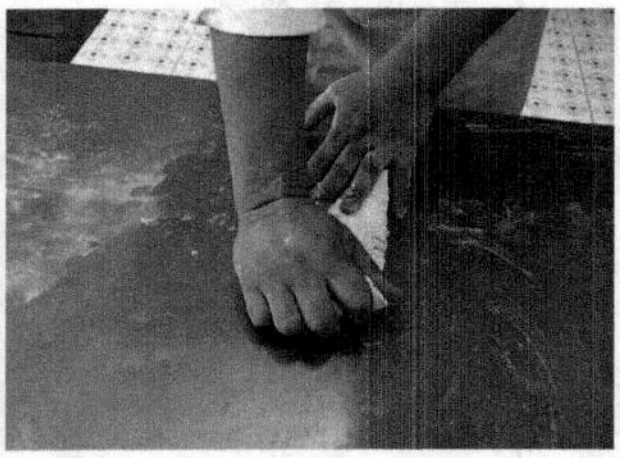

图 3-9　双手交叉揉

2. 搋制法

搋制法又称揣揉法，是用于增强面坯筋力的技法。手握紧拳头，交叉在面坯上搋压，边搋、边压、边摊，把面坯向外搋开，然后卷拢再搋(图 3-10)。

3. 擦制法

擦制法是用于无筋力或要求筋力较弱的面坯调制技法，如油酥面坯的干油酥、部分米粉面坯、热水面坯等面坯的调制。其目的主要是增强面坯内部黏性，达到面坯物理特性的要求。具体手法是在案板上先把面粉与油拌和好后，用双手手掌根部把面坯一层一层向前边推边擦。面坯推擦开后，再滚向身前，卷拢成坯。然后仍用前法，继续向前推擦，直至擦透、擦匀(图 3-11)。

4. 摔制法

摔制法是指用双手或单手拿住和好的面团，举起后反复用力摔在案板上，使面团增加劲力的操作方法。调制水油皮面常用此法帮助油水融合，增加面团劲力。

5. 捣制法

捣制法是指在面团和好后，双手握拳在面团各处用力，从上向下捣压的操作方法。常和揣揉法结合用于老面发酵面团的兑碱调制(图 3-12)。

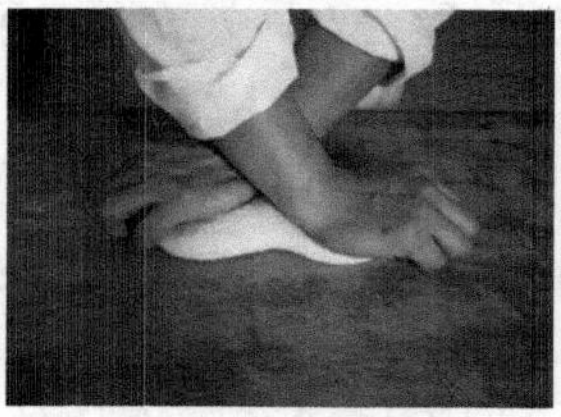

图 3-10　搋制法揉面

图 3-11　擦制法揉面

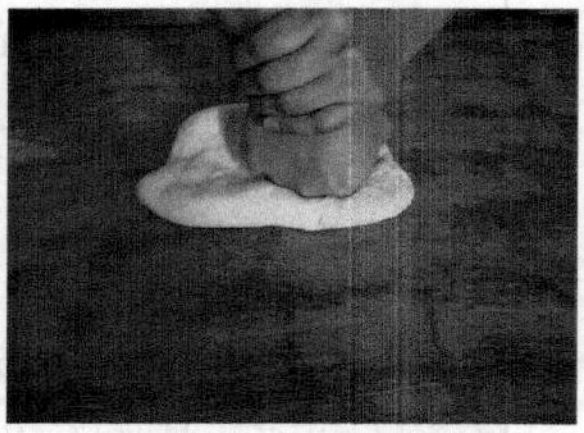

图 3-12　捣制法揉面

6. 叠制法

叠制法是指粉料与油脂、蛋、糖等原料混合后，用上下叠压的方式使原料混合均匀的操作方法。主要用于混酥类面团制品，防止面团产生筋力、影响质感(膨松或酥松)，如桃酥、莲蓉甘露酥等。

（三）质量标准

无论采用何种方法揉面，都要求揉出的面坯光滑、滋润、符合制品制作要求。

（四）操作要领

（1）根据制品要求选择正确的揉面方法。有的面点制品要求面团筋性足、韧性强，如水饺、面条面团，可以选择揉制法揉面；有的面点制品要求面团不能产生面筋网络，如油酥面团，则可以选择擦制法揉面。

（2）把握好揉面的关键。揉面的关键在于既要揉"活"又要有"劲"。所谓"活"指的是揉面时用力要适当，顺着一个方向揉，不能用力过猛、来回翻转，面成团后才有一定的韧性。揉面用力过大，会造成面筋断裂，使面团出现"裂痕"；来回翻转，会使面团面筋网络出现混乱，面团揉不光滑。所谓"劲"指的是面团组织结合紧密，柔韧性大。面团要反复揉，尤其是水调面团，揉的次数越多，韧性就越强，色泽就越白，做出的成品质量就越好。

（3）采用正确的揉面姿势。揉面时上身要稍往前倾，双臂自然伸直，两脚成丁字步，身体与案板保持一拳的距离。揉小块面团时，右手用力，左手协助，揉大块面团时，双手一齐用力，揉面时用力要均匀。

（4）面团揉好后应静置一段时间，使面团中各物料得到充分融合，更好地形成面筋网络。

三、搓条

（一）基本概念

搓条是取适量揉好的面坯，经双手搓揉，制成一定规格、粗细均匀、光滑圆润的条状过程（图3-13）。

（二）基本方法

双手压在揉好的面坯上，向前后左右推搓，使面坯向左右两侧延伸，要求将面团搓成粗细均匀的圆柱形长条。

（三）质量标准

动作熟练，条身紧、实，粗细均匀，光滑圆润（图3-14）。

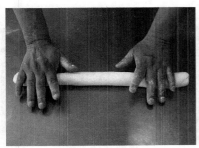

图3-13 搓条

图3-14 搓好的条坯

（四）操作要领

（1）用力均匀，轻重有度。操作时用手掌推搓，两手着力均匀，两边用力平衡，才能使搓出的条粗细均匀。

（2）手法灵活，连贯自如。只有做到手法灵活、轻松自如、起落自然，才能使搓出的条光洁、圆整、不起皮，粗细一致。

四、下剂

（一）基本概念

下剂是将搓好的剂条按照制品要求，分成一定规格分量面剂的过程。

（二）基本方法

根据不同种类的面坯性质和操作需要，选用不同的方法。常用的有摘剂、挖剂、拉剂、切剂等方法。

（1）摘剂。摘剂又叫揪剂。操作时，左手握条，手心朝向身体一侧，四指弯曲，从虎口处露出相当于剂子大小的条头，用右手拇指和食指捏住面剂顺势向下用力揪下，然后转动一下左手中的剂条，依次揪剂。摘剂时，为保持剂条始终圆整、均匀，左手不能用力过大，摘好一只剂子后，左手将面团转90°，然后再摘。摘下的每一个剂子应按照顺序排列整齐（图3-15）。

摘剂这种手法比较适用于水调面团、发酵面团等有筋力面团的分坯。

（2）挖剂。挖剂也称铲剂，大多用于较粗的剂条，由于条粗，剂量较大，左手没法拿起，右手也无法摘下，所以要采用挖的方法下剂。操作时先将剂条搓好后放在案板上，左手按住，右手四指弯曲，从剂头开始，从中间由外向内凭借五指的力量挖截小块面剂。右手挖出一个剂子后，左手向后移动，右手再挖，直至完成。挖剂速度要快，动作要利落，一下一个剂子，不要将其余的面团带出来（图3-16）。

（3）切剂。切剂又叫剁剂，是用刀等工具进行分坯的一种方法。操作时先将搓成的剂条平展在案板上，左手按住剂条，右手持刀，从剂条的左边一头开始进行切分，切时左手配合，把切下的剂子排列整齐。切或剁的手法要灵活，动作要连贯、熟练，才能使剂子规格大小一致。切剂应按照品种要求确定规格，注意剂子的形态，做到均匀、整齐、美观（图3-17）。

图3-15 摘剂

图3-16 挖剂

图3-17 切剂

切剂适合于米粉面团、淀粉面团和油酥面团的分坯，也适合刀切馒头的成型。

（4）拉剂。拉剂常用于比较稀软的面团，不能摘剂，也不能挖剂，只能采用拉的方法。拉剂时右手五指抓住一块面团，用力拉下来。拉剂不易掌握剂子的分量，拉下来的剂子形态不完整，很难确定其重量，所以要做到统一规格有一定的难度。

（三）质量标准

无论采用何种方法下剂，都要求剂子大小均匀，形态整齐，重量一致。

（四）操作要领

（1）无论采用哪种方法下剂，都要求手法灵活，动作熟练，速度快。

（2）要根据不同的面点品种要求和面团的特性来确定合适的下剂方法。

五、制皮

（一）基本概念

制皮是按面点品种和包馅的要求将面坯剂子制成一定质量要求的薄皮的过程。制皮的技术要求高，操作方法较复杂。制皮质量的好坏直接影响包馅和制品的成型。

（二）基本方法

由于各面点品种的要求不同，制皮的方法也有所不同，常用的有以下几种方法。

1. 擀皮

擀皮是利用工具将面剂擀制成相应的坯皮的过程，是当前最主要、最普遍的制皮法，技术性较强。由于品种多，擀皮的工具和方法也是多种多样的。目前，大型的擀皮已经基本被压面机、开酥机等机械所代替，但是，手工擀皮还是广泛运用于生产实践中。

（1）单手擀。单手擀面杖，简称单手杖或单杖，单杖常用于擀饺子皮、包子皮等小型点心皮。单杖擀皮时，先把面剂用左手掌按扁，并以左手的大拇指、食指、中指三个手指捏住边沿，逆时针方向转动，右手按住面杖 1/3 处，在按扁剂子的 1/3 处向前推轧面剂，不断地往返运动。成品为中间稍厚、周边略薄的圆形皮坯（图 3-18 和图 3-19）。

（2）双手擀。双手擀面杖，简称双手杖或橄榄杖，因其形似橄榄而得名。分为单只杖和双只杖（较单杖细小，擀皮时两根合用）两种。这两种擀面杖都是用双手按住面杖擀皮的方法，技巧上也大同小异。常用于擀饺子皮、包子皮等小型点心皮，也可擀制烧麦皮。烧麦皮的擀法是一种特殊的擀法，要求皮子擀成荷叶边（皮边有百褶纹）和中间略厚的圆形，称为"荷叶边""金钱底"。操作时，先把剂子按扁。擀时大多用中间粗、两头细的橄榄杖，双手擀制，左手按住面杖左端，右手按住面杖右端，擀时面杖的着力点应放在一边，先左手下压用力向前推动，再右手下

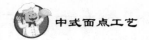中式面点工艺

压向后拉动，使坯皮顺时针方向转动，最后擀成有百褶纹的荷叶形边（图3-20和图3-21）。

图3-18 擀饺子皮

图3-19 成品饺子皮

（3）通心槌。通心槌又称走槌。槌体圆柱形，中心孔套入中心轴可转动，中心轴两端为手柄，常用于分量较大的面坯擀制，如手工面条、馄饨皮、油酥面坯开酥（图3-22）千层糕等。擀皮平整、效率高。使用时用双手握住通心槌两头的活动手柄，均匀用力、平行碾压面皮，直到擀成所需厚度的面皮。

图3-20 擀烧麦皮

图3-21 成品烧麦皮

图3-22 擀油酥皮

2. 按皮

按皮（图3-23）是指把摘好的面剂截面向上竖立起来，撒上少许干面粉，用手掌按成中间稍厚、四周稍薄的圆形皮坯。按皮要求形圆整，坯皮中心稍厚、周边稍薄、大小适当。

3. 压皮

压皮又叫拍皮，操作时准备一把拍皮刀（刀面平整，材质为塑料或不锈钢），将剂子竖立放在案上，右手拿刀，可适当在刀面上抹一点油，将抹油的刀面平放压在剂子上，左手放在刀面上下压，双手配合顺时针方向旋转按压一下，剂子就被按成圆形的薄片（图3-24）。

4. 摊皮

摊皮是指用加热的工具将面坯制成坯皮的过程。摊皮技术性很强，主要用于稀软的或糊状的面坯制皮，如春卷皮、豆皮等。常用的工具有锅、鏊等。摊皮时先将工具加热至适当的温度，抹适量的油，用手或工具将面坯摊开成圆形薄皮。例如，

60

摊春卷皮，春卷面坯是筋质强的稀软面坯，拿起会往下流，用一般方法制不了皮。因此必须用摊皮方法。摊时，将平锅放在火上加热至适当温度，右手拿起适量面坯，不停溜动，动作要熟练、协调，顺势向锅内一摊，即成圆形皮，立即拿起面坯继续溜动，等锅上的坯皮受热成熟，取下，再摊第二张（图3-25）。

图3-23　按皮　　　　　　　图3-24　压皮　　　　　　　图3-25　摊皮

5. 捏皮

捏皮适用于制作米粉面团、汤团之类的品种制皮。操作时先把剂子用手搓圆，再用手指捏成圆壳形（内可上馅），俗称"捏窝"。

（三）质量标准

无论采用何种方法制皮，都要求皮形圆整、大小一致，厚薄符合制品要求。

（四）操作要领

手法正确，双手配合协调，动作熟练，速度快捷。

根据制品的要求选择合适的方法制作坯皮。例如，水饺皮适合用单手擀法，坯皮为中间稍厚，四周稍薄的圆形；烧麦皮适合用双手擀法，坯皮为中间稍厚，四周稍薄有百褶纹的荷叶形；馄饨皮适合用通心槌擀，坯皮为厚薄均匀的正方形或梯形。

1. 用料配方

面粉1000克，鸡蛋2个，清水400克，食盐5克。

2. 制作过程

（1）将面粉放在盛器内或者倒在干净的案板上，中间开一个窝，加入鸡蛋液和清水拌和成雪花状，调和成块，反复揉制，直至面团光洁。

（2）在案板上撒上一层干粉，将面团擀成长方形大薄片，在薄面片上撒上干粉，用擀面棒卷紧后用力推擀，打开，再修整成厚薄均匀的长方形大薄片，多次重复以上步骤，直到将面团擀成2毫米厚的面片。

（3）在面片上撒上一层干粉，将面片叠起成6厘米宽的条，用刀切成3毫米宽的面条。撒上干粉，抖散即成手擀面生坯。

（4）将手擀面生坯用开水汆熟后，可制作汤面、炒面和拌面。

3. 制作关键

（1）面团要偏硬，揉制过程中要揉透、揉匀、揉光洁。

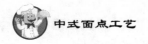

（2）擀制过程中要随时注意撒干粉，避免粘连，擀制时双手用力要匀，并保持坯皮四角方正。

（3）切面握刀稍靠前，推刀切时，要保持刀面垂直起落，迅速有力，两刀之间下刀的距离要一致，以保证面条粗细均匀。

4. 成品特点

面条粗细均匀、干爽，无异形，不粘连，色白有韧性，口感爽滑、筋道。

-------- 知识链接 --------

成型技法——擀、切

擀是用面杖、面棍、走槌等工具，将半制品滚压成各种形状的方法。主要用于制作饼类，如家常饼等。成型擀与制皮擀有区别，技法也稍显简单。擀制圆形饼时一般先将坯搓圆按扁，擀成长圆形后将坯转90°再擀成圆形，如此重复，直至达到规格厚度要求。

擀法成型的操作关键：一是面杖要压着制品与案板平行滚动；二是擀滚时双手用力适当、均匀；三是旋转坯皮角度适当。

切是将搓、卷或擀制的坯料用刀分割成各种形状的过程。多用于加工刀切面、馒头、花卷、糕等，是成型手法，也是下剂的手法之一。切的方法一般都需要与其他动作配合进行，有的是生坯切形，如馒头、面条等，而海棠酥、荷花酥、梅花酥、佛手酥、章鱼包等则是借助薄刀片划、切而成形的，属于综合成型技能。有的是成熟后切形，如凉发糕、千层糕等。这类切是用专制长条形糕刀进行，糕刀有平口、锯齿两种，刀法均采用推拉法。

切法成型的操作关键：一是先成熟后成形的糕坯，必须晾凉透才能切；二是切黏性强的坯料，刀面可适当抹油防粘；三是切时刀要保持直线运动，分割均匀。初学者可用直线尺丈量或划线标记。

面点的成型，基本上是需要经过多个动作的组合运用，才能达到质量标准。上面学习的手擀面就是擀、折叠或卷、切的组合成型法。

成熟技法——煮

1. 煮的定义

煮是指将面点成形后的生坯，直接投入沸水锅中，利用沸水的热对流作用将热量传给生坯，使生坯成熟的一种熟制方法。

2. 煮的运用范围

在面点成熟方法中，煮的使用范围很广泛，适用于冷水面坯制品、生米粉团面坯所制成的半成品及各种羹类甜食品，如面条、水饺、汤团、元宵、粽子、粥、饭及莲子羹等。

3. 煮的操作要领

(1)掌握锅中水的用量，开水下锅。煮制时一般先将锅里水加足、烧沸，然后才能把生坯下锅。水量足，空间宽，生坯下锅后的温差变化相对就小；这样可有效防止煮制品出现粘连、浑汤的现象，使制品保持清爽筋道。因为坯皮中的淀粉、蛋白质在水温 60℃ 以上才吸水膨胀和发生热变性，并在短时间内受热成熟，所以沸水下锅才不会出现破裂或黏糊现象。

(2)控制下锅生坯的数量。下锅的生坯数量要按照水的多少适当掌握，以使生坯在水中有翻动的余地，使受热均匀，具备成熟的良好条件。

(3)煮的过程中注意"点水"，保持水面"沸而不腾"的状态。生坯下锅烧沸后，火力不能减小，否则成品口感不爽、质量降低。但如火力继续保持旺盛，水会不断翻腾，面点制品也随之翻腾，易使制品出现破皮、漏卤现象。因此，水沸后，要保持水沸而不腾是关键。应采用"点水"方法，即在水沸后加入少许冷水。"点水"不但能加快制品成熟，而且能使糊化后的制品突然遇冷，形成光亮有筋的表面。一般来说，每煮一锅，要点三次水。

(4)控制熟制时间，及时出锅。煮制面必须把握好时间，时间短了制品夹生，时间长了制品变形散烂，影响制品的风味特色。另外，还要及时鉴定成品是否成熟，一旦成品完全成熟，应立即出锅。

做一做

表 3-1　考核要求

训练项目	考核内容	数量	规格	操作时间	评分标准
成型擀	擀制圆形饼	10 张	大小一致，厚度符合标准	15 分钟	1. 操作规范、擀饼手法正确 2. 双手配合协调、动作熟练 3. 面饼薄厚均匀，大小一致，表面光滑、不起皮、无裂纹

练 习

选择题

1. 和面的手法以(　　)使用最为广泛。

A. 调和法　　　B. 抄拌法　　　C. 搅拌法　　　D. 搅和法

2. 烫面工艺宜使用的和面手法是(　　)。

A. 抄拌法　　　　B. 调和法　　　　C. 搅和法　　　　D. 搅拌法

3. 和好的面坯一般需要用干净的湿布盖上，目的是(　　)。

A. 防尘　　　　B. 防风干结皮　　C. 防串味　　　　D. 防变质

4. 调制油酥面团时，揉面的手法用(　　)。

A. 捣　　　　　B. 㧟　　　　　C. 摔　　　　　D. 擦

5. 调制春卷皮面坯时，揉面的手法用(　　)。

A. 捣　　　　　B. 㧟　　　　　C. 摔　　　　　D. 擦

6. 揉面必须(　　)着力，而且力度要适当。

A. 手指　　　　B. 手心　　　　C. 手掌　　　　D. 手腕

7. 揉面时要按照(　　)的次序，顺着一个方向揉，不能随意改变，否则不易使面坯达到光洁的效果。

A. 从上到下　　B. 从左到右　　C. 一定　　　　D. 任意方向

8. 搓条时要用双手(　　)将面推搓成粗细均匀的圆形长条。

A. 手指　　　　B. 手掌　　　　C. 掌根　　　　D. 掌心

9. 搓条的基本要求是(　　)。

A. 条圆　　　　B. 光洁　　　　C. 粗细一致　　　D. 大小相等

10. 对于较粗的剂条，宜采用(　　)方法下剂。

A. 挖剂　　　　B. 拉剂　　　　C. 切剂　　　　D. 剁剂

11. 对于较稀软的面坯，下剂时宜采用(　　)方法。

A. 挖剂　　　　B. 拉剂　　　　C. 切剂　　　　D. 摘剂

12. 下剂的基本要求是(　　)。

A. 大小均匀　　B. 重量一致　　C. 剂口光滑　　　D. 不带毛茬

13. 水调面团、发酵面团等有筋力的面团适合(　　)。

A. 摘剂　　　　B. 挖剂　　　　C. 切剂　　　　D. 拉剂

14. 用米粉面坯和薯蓉类面坯制皮时，最常用的制皮方法是(　　)。

A. 擀皮　　　　B. 摊皮　　　　C. 捏皮　　　　D. 压皮

15. 将刀平放在剂子上，用力向下按压面剂的制皮方法称为(　　)。

A. 按皮　　　　B. 拍皮　　　　C. 摊皮　　　　D. 压皮

16. 摊皮的要求是(　　)。

A. 皮圆　　　　B. 厚薄均匀　　C. 无砂眼　　　　D. 大小一致

17. 稀软面团适合的制皮方式是(　　)。

A. 擀皮　　　　B. 按皮　　　　C. 拍皮　　　　D. 摊皮

项目二 冷水面团实例——水饺

1. 用料配方

面粉 500 克, 清水 250 克, 菜肉馅 600 克。

2. 制作过程

(1)将面粉放在盛器内或者倒在干净的案板上, 中间开一个窝, 加入清水拌和成雪花状, 调和成块, 反复揉制, 直至面团光洁。

(2)将面团搓成 3 厘米粗的均匀长条, 再下成 15 克一个的面剂, 用擀面棒擀成直径 8 厘米、中间稍厚、四周稍薄的圆皮。

(3)取一张圆皮, 在中间打入菜肉馅心, 对折后, 挤捏成饺子生坯。

(4)将饺子面生坯用开水煮熟后, 可配调料上桌食用。

3. 制作关键

(1)面坯柔顺, 有筋力, 水分适量, 调制的面坯要饧置。

(2)制馅时最好选用猪前夹肉制作肉馅, 面粉一般选择高筋粉为宜。

(3)成熟时水面要宽, 水要沸, 下水饺的数量适量。

4. 成品特点

皮薄滑爽、筋抖、有韧劲, 不漏馅, 入口软滑, 馅多鲜嫩。

5. 冷水面团的调制要点

冷水面团是用冷水(水温一般在 30℃ 以下或常温水)与面粉调制而成的面团。冷水面团具有质地硬实、筋力足、韧性强、延伸性好、颜色白、口感爽滑有劲的特点, 适宜制作煮、烙等成熟法成熟的品种, 如面条、水饺、春卷、馄饨、馅饼等。

(1)正确掌握水量。要根据不同品种要求、面粉的质量、温度、空气湿度等灵活掌握。特别是硬面团, 加水少很难成团, 加多了又对成品口感产生不良影响, 因此, 调制前要确定好加水量, 严格按配方来。

(2)严格控制水温。水温必须要低于 30℃, 才能保证冷水面团的特性, 冬季调制冷水面团可用低于 30℃ 的微温水, 夏季调制时可适量加盐来达到冷水面团的要求。

(3)采用合适的方法调制。首先, 要分次掺水, 一方面便于操作, 另一方面可根据第一次吸水情况掌握第二次的加水量。一般第一次掺水 70%～80%, 第二次

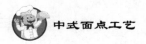

20%～30%，第三次适当沾水便于将面团揉光。其次，需要使劲揉搓，致密面筋网络的形成需要借助外力的作用，揉得越透，面筋吸水越充分，面团的筋性越强，面团的色泽越白，延伸性越好。

（4）适当饧面。饧面就是将揉好的面团盖湿布静置一段时间，目的是使面团中未吸足水的粉粒有一个充分吸水的时间。这样面团就不会有白粉粒，还能使没有伸展的面筋进一步得到伸展；面筋得到松弛，延伸性增大，使面团更加滋润、柔软、光滑、富有弹性。一般饧面需 15 分钟左右。

做一做

表 3-2　考核要求

面团类型	考核内容	数量	规格	操作时间	评分标准
冷水面团	调制冷水面团	1 块	500 克面粉/块	10 分钟	1. 操作规范、手法干净利索 2. 水粉混合均匀，不外溢，参水准确 3. 手光、案板净

项目三　冷水面团实例——馄饨

1. 用料配方

面粉 500 克，冷水 220 克，鲜肉馅 1500 克，澄粉 50 克，猪油、酱油、味精、青蒜末、胡椒粉、虾皮适量。

2. 制作过程

(1) 面粉倒入盆内，加水 200 克，搅拌均匀，调制成较硬的面团，反复搓揉，使面团光滑有韧性，盖上湿布稍饧；然后把面团放在案板上，按成长扁形，拍上澄粉；用长擀面杖将面团横竖擀压一遍，再拍上澄粉，卷在擀面杖上，双手同时用力推动面杖朝前滚压。每擀压一次拍一次澄粉，再调换一下位置（保证坯皮呈长方形），卷上再擀，反复擀压成薄如纸的皮子，然后裁成 8 厘米宽的长方形片，一层一层叠起，改刀成 8 厘米见方的皮子 200 张，用湿布盖上。

(2) 左手拿皮，右手拿馅挑子挑入馅心，左手五指捏拢，用右手的馅挑子后端把皮子向里顶，左手一拢，即包成馄饨。

(3) 水锅上火，把清水烧开，放入虾皮，煮沸一会儿，再把生馄饨下入锅内，用勺推一下；然后盖上锅盖稍焖，见馄饨浮上水面，点水直至馅心凝固即熟。

(4) 大碗里放入猪油、酱油、味精、青蒜末、胡椒粉，将虾皮汤冲入碗中，然后用笊篱捞 20 只馄饨放碗内，即可上桌食用。

3. 制作关键

(1) 面坯柔顺，有筋力，宜稍硬；调制的面坯要饧置。

(2) 擀皮过程中要扑撒干淀粉，防止粘连。

(3) 改刀切馄饨皮时，刀口整齐，皮子大小要一致。

(4) 成熟时水面要宽，水要沸，下馄饨的数量适量。

(5) 碗底调味要准确，口味可因时、因地、因人做调整。

4. 成品特点

汤鲜、味美、馅嫩、柔软。

上 馅 技 法

上馅，又叫打馅、包馅、塌馅，是指利用各种方法把已经制好的馅心放在坯皮的适当部位(一般为中部，饺形要偏边)的过程。上馅的质量好坏，直接影响面点成型动作的施展，因而影响面点的形态，也关系着面点的规格标准。由于品种要求不同，上馅的方法大致可分为以下七种。

(1)包馅法。包馅法是最常用的上馅方法，如包子、饺子、汤圆等绝大多数品种都是用这种方法上馅的。

(2)拢馅法。馅心较多，放在皮子中间，上好馅后轻轻拢起捏住，上馅与成形相互配合，一次完成。例如制作烧麦，馅心放在中间，上好后轻轻拢起不封口，露馅即成。

(3)夹馅法。即一层皮料一层馅，使馅心在坯皮中形成间隔，如三色糕、千层糕等。上馅要求均匀平整。

(4)卷馅法。卷馅法是将坯料擀成片，在片上抹馅心，然后卷拢成型的方法。常见的品种有豆沙卷、糯米凉糕、卷筒蛋糕等。

(5)搓团法。搓团法是先将馅心搓成团再包入坯皮中的一种上馅方法，用这种方法上馅便于掌握馅心规格，也便于包捏成形。适用于比较有黏性的馅心，如麻蓉馅、豆沙馅等。

(6)镶馅法。如有空洞的蒸饺，在成形后留下的几个小洞中镶入各色馅心点缀。

(7)滚粘法。滚粘法是用于元宵、藕粉圆子的一种上馅方法。它是利用原料着水后的黏性性能，在搓圆的馅心表面蘸上水，不断摇晃使其滚起来，均匀地裹上粉料包裹住馅心的一种方法。此法制成的成品，坯皮厚薄均匀，十分圆整。

上馅的技术要点：一是根据品种的要求上馅，轻馅品种馅心少，重馅品种馅心多。二根据品种的规格上馅，杜绝随意性。三是油量多的馅心，上馅时馅不要粘在皮边。

做一做

表3-3　考核要求

面团类型	考核内容	数量	规格	操作时间	评分标准
冷水面团	擀混饨皮	20只	边长5厘米/只	20分钟	1. 操作规范，制皮手法正确 2. 双手配合协调，动作熟练，速度快 3. 混饨皮薄厚均匀，大小一致

项目四　温水面团实例——四喜饺

任务目标

1. 学会制作四喜饺。
2. 掌握温水面团的调制方法和技巧。

1. 用料配方

面粉 250 克，温水 125 克，鲜肉馅 200 克，熟蛋白、熟蛋黄、水发香菇、火腿（青菜）末各 50 克。

2. 制作过程

（1）将面粉放在案板上，中间开一个窝，加入 100～110 克温水，拌成雪花面，晾凉；撒上 15 克的冷水揉成面团，饧面；搓条；摘成 30 只小剂子，撒上干粉，按扁；擀成直径为 10 厘米的面皮。

（2）左手四指托皮，刮入馅心，将皮子分成 4 等份，用右手拇指和食指捏出均匀大小的四个洞，在每个洞中分别填入熟蛋白、熟蛋黄、水发香菇、火腿 4 种镶嵌料，即成四喜饺生坯。

（3）生坯上笼，置旺火蒸汽锅上蒸 8～10 分钟即熟。

3. 制作关键

（1）掌握好水温，控制在 60℃ 左右。

（2）把握好用水量，面团宜稍硬。

（3）馅心加汤量较其他鲜肉馅少，否则影响外观。

（4）装饰时注意色彩搭配，以求美观。

4. 成品特点

外形整齐美观，色泽搭配合理，大小均匀，鲜嫩适口。

-------- 知识链接 --------------------------------------

温水面团的调制

1. 温水面团定义

温水面团是用 50℃ 左右的温水和面粉混合调制而成的面团。

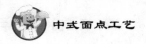

2. 温水面团的特点

温水面团色白，有一定的筋力、韧性和较好的可塑性，做出的成品不易走样变形，口感适中。常用于制作家常饼、蒸饺、花式蒸饺等面点制品。

3. 温水面团的调制要领

（1）水温、水量要准确。一方面是温水面坯因其水温的差异，可分为水温偏低和水温偏高两类。它们有着不同的性质和用途，调制时要根据品种的不同要求而灵活掌握。另一方面也和气候条件有关系，冬天气温低，水温可相应高点，夏天可相应低点，水温保持50~60℃。加水量的多少要根据品种的要求、水温等灵活掌握，使调出的面团软硬适度。水温升高时面粉吸水量增大，反之则减少。

（2）应散去面团中的热气。如果热气散不净，淤积在面团内的热气不但使面团容易结皮，表面粗糙、开裂，而且易使淀粉继续膨胀糊化，面团逐渐变软、变稀，甚至粘手。所以应散去面团中的热气以后再揉制成团。

练 习

表3-4 考核要求

面团类型	考核内容	数量	规格	操作时间	评分标准
温水面团	揉制温水面团	1块	500克面粉/块	10分钟	1. 操作规范、手法干净利索 2. 水粉混合均匀，不外溢，参水准确 3. 手光、案板净

项目五　温水面团实例——冠顶饺

1. 用料配方

面粉 250 克，温水 115 克，鲜肉馅 200 克，红樱桃 5 粒。

2. 制作过程

(1)面团调好后下成 20 克一只的面剂，擀成直径 9 厘米的圆皮，将皮的一面撒上干面粉，把圆边分 3 等份，折成等边三角形。

(2)在皮子光的一面放上 10 克馅心，将三边收口后捏起，捏紧后用右手食指和拇指推出双花边，再分别将内折的皮翻上来，最后在饺子顶部放一小片红樱桃做装饰，即成冠顶饺生坯。

(3)将冠顶饺生坯放入蒸笼上锅蒸 8 分钟，即可出笼装盘。

3. 制作关键

(1)制作鲜肉馅时，猪肉蓉加骨清汤后要朝一个方向搅打，边加汤边搅拌，搅至汤与肉蓉完全融合为宜。

(2)进笼用沸水旺火速蒸，蒸至表面光滑不粘手即可。

4. 成品特点

造型别致，皮薄馅鲜。

-------- 知识链接 --------

花色蒸饺的成型方法

花色蒸饺一般都采用"捏"法成型。在面点成型方法中，捏是比较复杂、花色最多的一种成型方法。它是指将包入或不包入馅心的面坯利用双手指上的技巧，按照成品形态的要求进行造型的一种方法。捏常与其他手法结合运用，所制成的成品或半成品不但要求色泽美观，而且要求形象逼真。

花色蒸饺的捏制手法很多，变化灵活，有挤捏、推捏、折捏、叠捏、扭捏、花捏等多种手法。

(1)挤捏是用双手食指弯曲托住加馅的坯皮，拇指并拢将坯皮边挤捏在一起的

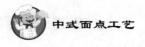

方法，如木鱼饺造型。

（2）推捏是用右手拇指、食指沿加馅坯皮的边推捏出各种折褶花边的方法，如月牙饺。

（3）折捏是将加馅后的坯皮折捏成各种几何形态的方法。其方法近似于折纸艺术，如冠顶饺、知了饺、花瓶饺。

（4）叠捏是将坯皮按照一定要求折叠成型，再将馅心装入，然后捏成形的方法。常与其他成型方法合用，其方法近似于折纸中的叠，如鸳鸯饺、一品饺、四喜饺等。

（5）扭捏是指先包馅后上拢，再按顺时针方向把坯皮的每边扭捏到另一相邻边上并捏紧，如青菜饺。

（6）捏塑又叫花捏，是将坯料捏塑成瓜果、水产、畜禽等各种动植物形状的方法，要求形态逼真，如蝴蝶饺、鸽饺、老鹰饺等。

（7）剪条是在捏的基础上综合剪的方法制作的一类花色蒸饺，如兰花饺、飞轮饺。

做一做

表 3-5　考核要求

面团类型	考核内容	数量	规格	操作时间	评分标准
冷水面团	制作木鱼饺饺子皮	10 只	直径9 厘米/只	15 分钟	1. 操作规范，制皮手法正确 2. 双手配合协调，动作熟练，速度快 3. 饺子皮中间厚，两边薄，形态圆整，大小一致 4. 把圆边分 3 等份，折成等边三角形。

项目六　温水面团实例——兰花饺

1. 用料配方

面粉 250 克，温水 125 克，鲜肉馅 200 克，熟蛋白、熟蛋黄、水发香菇、火腿、青菜末各 50 克。

2. 制作过程

(1) 调制温水面团，搓条、下剂、制皮同四喜饺。

(2) 取一张圆皮，打入馅心，将皮五等分后捏紧，然后在每一条边上面剪出 1 毫米左右粗细的条子两根，一边的第一条与另一边的第二条在下端黏合，这样十条粘成 5 个小斜孔。再将剪刀剪过的 5 只角剩余部分的边沿剪出均匀的边须，每边剪好后用手指将其略捋弯。

(3) 在五边斜孔中分别填入五种不同色彩的馅料末即成兰花饺生坯。

(4) 饺子上笼，旺火沸水蒸 10 分钟左右即熟。

3. 制作关键

(1) 五边要分均匀，剪出的条粗细要一致。

(2) 填料颜色搭配要鲜艳美观。

4. 成品特点

形似兰花，造型别致，质地鲜嫩。

---------- 知识链接 --

成熟技法——蒸

1. 蒸的定义

蒸制成熟法是利用高温蒸气作为传热介质，通过对流方式传递热量，使制品生坯成熟的一种成熟方法。在几种面点制品熟制方法中，蒸是使用非常广泛的一种，如常见的馒头、包子、卷子、蒸饺、烧麦等就是利用蒸制成熟法成熟的。

2. 蒸制品的特点

以水蒸气为介质传热，具有保持制品湿润柔软、维持制品外形稳定、保护营养

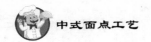

成分稳定和提高产品营养价值等诸多优点，其制成品味道纯正，吃口柔软，易于消化等特点，特别适合老人、小孩食用，而且，蒸制成熟法操作简单，成熟迅速，适合批量生产，经济而又方便，深受餐饮行业和大众喜爱。

3. 蒸的操作要领

(1)蒸锅中水足，且水要烧开，蒸锅内加水量一般以八成满为宜。过多则水沸后会浸湿生坯，过少则蒸汽不足。生坯上笼时水一定要开，保证蒸气充足，有利于成品的膨胀，使制品口感理想。

(2)掌握好生坯的摆放距离。将饧发好的制品生坯按一定间隔距离，整齐地摆入蒸笼，其间距应使生坯在蒸制过程中有膨胀的余地。间距过密，会使制品相互粘连，影响制品形态。

(3)掌握蒸制火力和成熟时间。不同的面点制品，有不同的大小、体积、形态，而且因为原料的使用不同，质地及性质也有很大差异，所以，对不同的面点制品进行蒸制成熟时，要采用不同的火力，严格控制成熟时间。在不能很好掌握熟制时间的情况下，要学会用简单的方法鉴别成熟度，即用手指轻拍一下制品，制品不粘手，有弹性，并有自然的香味，表明已经成熟。

(4)保持水质清洁。保持水质清洁是保证成品质量的关键。在蒸制过程中，制品中的油脂、糖分及一些其他物质，会流入或者溶入水中，污染水质，特别是油脂和其他浮末，能覆盖在水面，影响水蒸气的形成和向上的气压。

做一做

表 3-6　考核要求

面团类型	考核内容	数量	规格	操作时间	评分标准
温水面团	鸳鸯饺	20	250 克面团、鲜肉馅 200 克	60 分钟	1. 操作规范，手法正确 2. 双手配合协调，动作熟练，速度快 3. 饺子皮中间厚，两边薄，形态圆整，大小一致 4. 饺子五边要分均匀，剪出的条粗细要一致 5. 填料颜色搭配要鲜艳美观
	四喜饺	20			

项目七　热水面团实例——月牙饺

1. 用料配方

面粉250克，开水100克，冷水适量，鲜肉馅300克。

2. 制作过程

(1)把面粉倒在案板上，中间开一个窝，边浇热水烫粉边用工具搅拌均匀成雪花面，摊开晾凉，淋少许冷水，和成面团。搓成直径3厘米的光滑面条，下成30只面剂。

(2)将面剂子擀成直径8厘米左右的圆皮，打入鲜肉馅，将皮对折，推捏出瓦楞形花纹，即成月牙饺生坯。

(3)将生坯上笼，旺火沸水蒸10分钟即熟。

3. 制作关键

(1)饺皮形态要圆整且中间稍厚，四周稍薄，大小一致，捏出的饺子花纹才整齐美观。

(2)上馅后对折饺皮，不能将口封紧，且在推捏开始时有花纹的外侧皮面应比没有花纹的内面皮稍留长一些。

(3)每只饺子的折纹应清晰均匀，所有饺子的折纹数应一样多，装盘后才能体现整齐美。

4. 成品特点

形似月牙，折纹清晰均匀，皮薄馅鲜。

------- 知识链接 --

热水面团的调制

1. 热水面团的定义

热水面团是用70℃以上的热水与面粉混合调制而成的面团。

2. 热水面团特点

热水面团黏糯、柔软，色略暗，无筋力，有韧性、可塑性，延伸性不如温水面

75

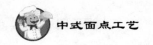

团。适合制作烧麦、锅贴、烫面蒸饺、薄饼、空心馇馇等面点制品。

3. 热水面团的调制要领

(1)热水要浇匀。调制过程中，要边浇水边拌和，浇水要匀，搅拌要快，水浇完，面拌好。浇匀的目的有两点，一是使淀粉都能糊化产生黏性，二是使蛋白质变性，防止生成面筋，把面烫熟烫透，不带夹生，否则，制品成熟后，里面会有白茬，表面也不光滑。

(2)晾透。刚调制好的面坯很烫，要摊开放置使热气散尽。如果热气散不尽，淤在面坯中，制成的制品不但容易结皮，而且表面粗糙，易开裂；当然，也可以在揉成面坯后，再用刀切成小块散发热量。

(3)加水量准确。热水面坯加水量比冷水面坯稍多点，一般是每500克面粉掺水250~350克，这是因为淀粉糊化时要吸收大量水分。调制时加水一定要准确，在和面时要一次性加足，不能成坯后再去调整软硬度，这和冷水面坯的分次加水是完全不同的。这是因为面坯形成后，如果发现面坯过硬，再加热水，不易揉匀；水量过多太软，再加面粉，则又容易出现夹生的现象。

(4)揉匀。揉面时揉均匀即可，不要多揉，否则容易上劲，失去烫面的特点。烫面时，初步拌和后，还要均匀淋洒些冷水，借此驱散热气，并使制品吃口软糯而不粘牙。

成熟技法——煎

煎是以少量油在底锅上加热，放入生坯使之成熟的一种方法。在实际操作中，一般使用平底锅，有油煎和水油煎两种方法。

1. 油煎

油煎主要是利用油脂作为传热的辅助介质，通过铁锅的传递，进行加热成熟的一种方法。常见的品种有上海的煎馄饨、江苏的煎锅饼、四川的鲜肉焦饼、福建的煎米糕等。油煎的操作要领如下。

(1)适当掌握油量。油脂作为煎制的辅助热传递介质，在成熟中具有重要的作用。但是由于原料特性、成品厚薄和大小及品种特色等不同的因素，用油量有多有少，必须根据每一品种的不同要求而定，用油过多或过少都不利于品种的成熟和特色的形成。

(2)保持热能均衡。在油煎工艺中，火候的运用很重要。一般是以小火为主，生料下锅前或刚下锅时火可大些，油温一般控制在130℃左右。这样能使生坯在热锅温油中有较长的受热时间，通过热渗透使生坯成熟。油煎因操作方便，适用较广。

2. 水油煎

水油煎是以油、水两种物质作为传热辅助介质的特殊成熟方法，具有煎、蒸双重特色。它的成品集脆、香、软等为一体，一般适用于煎制生煎包、锅贴、牛肉煎包等坯体较厚、带有馅心的面点。水油煎的操作要领如下。

（1）适当掌握水与油的用量。油和水在水油煎的过程中分别起着不同的作用。油主要是起防止粘锅、增色、保护生坯表面不糊化的作用，而水在成熟中具有汽化、热对流、促进生坯成熟的作用。因此水、油的用量及加油、加水的时机都与成熟和成品特色有密切的关系。如加水过早过多，会使生坯糊化；反之，则会使生坯焦糊或不易成熟。

（2）水油煎的火候运用一般以中、小火为主。火力要均匀，有利于制品成熟。同时还应恰当掌握成熟的时间。因为当油煎加入水后，即要加上盖子，以汽化形成的蒸气温度促进其成熟。除翻坯、加水和加油外，不应开启盖子，以免影响制品成熟。

做一做

表3-7　考核要求

面团类型	考核内容	数量	规格	操作时间	评分标准
热水面团	冠顶饺	20只	面粉250克，鲜肉馅300克	60分钟	1. 饺皮形态要圆整且中间稍厚，四周稍薄，大小一致，捏出的饺子花纹才整齐美观 2. 上馅后对折饺皮，不能将口封紧，且在推捏开始时有花纹的外侧皮面应比没有花纹的内面皮稍留长一些 3. 每只饺子的折纹应清晰均匀，所有饺子的折纹数应一样多，装盘后才能体现整齐美
	白菜饺	20只			

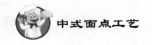

项目八　热水面团实例——烧麦

1. 用料配方

面粉 250 克，开水 80 克，冷水适量，鲜肉馅 400 克。

2. 制作过程

(1)将面粉放在案板上，中间扒一个窝，加入热水拌成麦穗面，散尽热气，撒上冷水，揉成团，盖上干净湿布饧面。

(2)将饧好的面团搓成条，摘 40 个剂子，按扁，用小橄榄杖擀成直径为 10 厘米中间厚、周边薄、边沿成菊花状的皮子。

(3)托皮，上馅，拢成石榴形状生坯，放入蒸笼。

(4)生坯上笼，置旺火蒸气锅上蒸 8 分钟即可。

3. 制作关键

(1)和面时注意用水温度及用水量，面团宜稍硬。

(2)烧麦皮薄如纸，但不能破，擀烧麦皮是一项难度较大的技术，需反复多加练习，才能运用自如。

(3)把握好成熟时间，蒸制过程中需洒少许水在烧麦皮上，避免皮上出现白色粉末。

4. 成品特点

形似石榴，皮半透明，收口整齐，馅心鲜美。

------- 知识链接 ---

水调面团的形成原理

水调面团之所以具有 3 种不同性质的面团形态，主要是调制过程中不同的水温对面粉中蛋白质、淀粉的作用，发生了不同程度的物理化学变化所致。

1. 水温对蛋白质、淀粉的影响

(1)水温对蛋白质的影响。面粉中的蛋白质结构中存在着亲水基团，加水后，亲水基团将水吸附在周围，形成水化粒子，蛋白质显示出胶体性质——面筋。面筋蛋白质发生吸水胀润作用，并随着温度升高而增加，其最大胀润温度为 30℃，当水温升高至 60~70℃ 时，蛋白质开始热变性，蛋白质吸水能力和溶胀能力降低或丧失，面团的延伸性、弹性减退，黏性稍有增强。蛋白质的热变性随着温度增强而加强。

（2）水温对淀粉的影响。淀粉不溶于冷水，在常温下基本没有变化，吸水性和膨胀性很低。水温在30℃时，淀粉只结合30%的水分，颗粒也不膨胀，大体上保持硬粒状态；水温在50℃左右时，吸水及膨胀率低，黏性度变动不大；水温升至53℃时，淀粉的物理性质发生了明显的变化，淀粉膨胀明显；水温在65℃以上时，淀粉进入糊化阶段。

2. 面团特性的形成原理

（1）冷水面团。冷水面团是在面团调制过程中，用的是冷水，水温不能引起蛋白质热变性和淀粉膨胀糊化，充分发挥了面粉中蛋白质溶胀作用，形成面筋网络结构所致。冷水面团具有质地硬实、筋力足、韧性强、拉力大的特性。

（2）温水面团。温水面团掺入的水的水温与蛋白质热变性和淀粉糊化温度接近，因此温水面团本质是淀粉和蛋白质都在起作用，但其作用既不像冷水面团，又不像热水面团，而是介于两者之间。即蛋白质虽然接近变性，又没有完全变性，能够形成一定的网络结构，但因水温较高，面筋形成又受一定的限制，因而面团可以形成一定的筋力，但筋力又不如冷水面团；淀粉虽然膨胀，吸水性增强，但只是部分糊化，面团虽较黏柔，但黏柔性又比热水面团差，其结果就形成了面团有一定韧性，又较柔软的特性。

（3）热水面团。热水面团与冷水面团相反，用的是70℃以上的热水。水温既使蛋白质变性又使淀粉膨胀糊化，所以热水面团的形成，主要是由淀粉所起的作用，即淀粉的热膨胀和糊化，大量吸水并和水溶合成面团。同时，淀粉糊化后黏度增强，因此热水面团变得黏、柔并略带甜味；蛋白质变性后，面筋胶体被破坏，无法形成面筋网络结构，又形成了热水面团筋力小、韧性差的另一个特性。

做一做

表3-8 考核要求

面团类型	考核内容	数量	规格	操作时间	评分标准
热水面团	月牙饺	20只	20克	30分钟	1. 和面时注意用水温度及用水量，面团宜稍硬 2. 烧卖皮薄如纸，但不能破，擀烧卖皮是一项难度较大的技术，需反复多加练习，才能运用自如 3. 把握好成熟时间，蒸制过程中需洒少许水在烧卖皮上，避免皮上出现白色粉末

膨松面团制品

 模块导读

　　膨松面团，即是在面团调制过程中加入适量的辅助原料，或采用适当的调制方法，使面团发生化学和物理反应，产生或包裹大量气体，通过加热气体膨胀使制品膨松，呈海绵状结构。

 内容描述

　　按膨松方法可将膨松面团分为生物膨松面团、化学膨松面团和物理膨松面团三种。

 学习目标

1. 了解膨松面团的定义和特点。
2. 熟悉生物膨松面团、化学膨松面团和物理膨松面团的调制方法。
3. 熟悉掌握刀切馒头、豆沙包、花卷等的技艺和操作要领。

项目一　刀切馒头

1. 用料配方

面粉 500 克，白糖 120 克，干酵母 5 克，泡打粉 4 克，清水 225 克，炼乳 15 克，猪油 10 克。

2. 制作过程

(1)将面粉、泡打粉过筛，开窝。

(2)将剩余原料放入窝中，加入水擦至糖溶解，埋粉合成雪花状后加入猪油，反复揉制，直至面团光洁。

(3)面团过压面机压至表面光滑，成长方面片，放在案板上卷成实心圆条，折口朝底，用刀将圆条从左到右剁成 4 厘米宽的剂子，将剂子排入刷过油的蒸屉中，醒发至原体积的 1.5 倍。

(4)将醒发好的生坯，蒸制 8 分钟至成熟即可。

3. 制作关键

(1)手腕用力，用掌根将面团揉透、揉光洁。

(2)下刀要准确，果断用力，大小均匀，截面平整。

(3)发酵时间、程度控制恰到好处。

4. 成品特点

色泽洁白，形态美观，大小均匀，松软光滑，气孔细密，弹性好。

----------┌ 知识链接 ┐--

生物膨松剂

生物膨松剂也称生物发酵剂，是利用酵母菌在面团中生长繁殖产生二氧化碳气体，使制品膨松柔软。目前，制作面点的生物膨松剂有两大类：一类是酵母菌，是一种单细胞真菌微生物，它包括液体鲜酵母、固体鲜酵母、活性干酵母三种；另一类是将前次用剩的发酵面团作为膨松剂，称老酵或面肥，也还有将酒或酒酿作为膨松剂进行发酵的。

用酵母菌发酵的特点是发酵力强，制品口味醇香，但需严格控制发酵温度和湿度环境。用老酵发酵的特点是由于菌种不纯，面团发酵后会产生酸味，需对碱后才

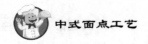

能制作面点。老酵发酵是采用传统的发酵方法，经济实惠且风味独特，常用于制作包子、馒头等。相对老酵而言，酵母菌发酵在技术上容易掌握，活性干酵母更具有便于储存保管的特点，在实际运用中，被越来越多的从业者使用。

随着酵母的普及运用，我们会留意到酵母包装上印有"高糖"和"低糖"的字样，这是因为随着酵母使用面的推广，越来越多的馒头房、面包房用起了酵母。这些用户对酵母特性都有不同的要求，尤其是面包业。由于人们的生活水平在不断提高，也追逐高档次的物质享受，使得甜面包和咸面包走进了千家万户。这给面包业中使用的酵母提出了更高的质量要求，因甜面包中加入了大量的糖，所以针对这一特点，育种专家不断地选育出适合不同用户需求的产品，把能在7%以上糖浓度中生存的酵母称为"高糖酵母"，反之则称为"低糖酵母"。怎样有针对性地选用呢？我们可以在做面包、馒头时，根据制品配方中糖、盐的比例高低等因素加以选择。

酵母发酵面团的调制

（1）活性干酵母直接掺入面粉中，面粉置案板上，中间刨一凹坑，放入白糖、清水拌和揉制成光洁的面团使用。此类发酵操作简单便捷，适合饮食行业制作馒头、花卷类制品。

（2）将干酵母用温水化开，掺入面粉中与其他原料一起掺和成团，再用力揉匀、揉透至面团光滑或者用压面机压光滑。此类发酵是宾馆宴席面点制作中最常用的方法。

（3）先调制一块稍微偏硬的水调面团，将少许干酵母加入面粉、水调成糊状掺入水调面团中再揉透揉光滑。这类调制方法适合光洁度要求高的造型制品，如技能大赛的发酵作品。

做一做

表4-1　考核要求

面团类型	考核内容	数量	规格	操作时间	评分标准
膨松面团	刀切馒头	10个	面粉500克	30分钟	1. 操作规范、手腕用力，用掌根将面团揉透、揉光洁 2. 下刀要准确，果断用力，大小均匀，截面平整 3. 发酵时间、程度控制恰到好处

项目二　豆沙包

1. 用料配方

面粉 500 克，干酵母 5 克，泡打粉 4 克，白糖 50 克，水 225 克，猪油 10 克，豆沙馅。

2. 制作过程

(1)将面粉、泡打粉过筛，开窝。

(2)除豆沙馅外余下原料放入窝中，加入水擦至糖溶解，埋粉合成雪花状后加入猪油，反复揉制，直至面团光洁，盖上湿布醒 10 分钟。

(3)将醒好的面团过压面机压至表面光滑，成长方面片，放在案板上卷成实心圆条。

(4)将圆条揪成剂子，用掌心按压成圆皮，包入豆沙馅收口，收口处粘上油纸排入笼屉，醒发至原体积的 1.5 倍。

(5)将醒发好的生坯，旺火蒸制 8 分钟至成熟即可。

3. 制作关键

(1)面团的软硬，面团不宜过软，否则成品易走形。

(2)面皮中间厚，周围薄。

(3)发酵时间、程度控制恰到好处。

(4)蒸制时间不宜过长。

4. 成品特点

洁白有光泽，质地软绵，有弹性，起发度好。

知识链接

面点成型技法——卷

卷是将擀好的面片或皮子，按需要抹上油或上馅，然后卷起来，做成有层次的条形，再用刀切的一种成形方法。

卷是面点制作中一种较常用的成形法。一般是将擀制好的坯料经加馅、抹油或

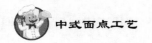

根据品种要求卷成不同形式的圆柱状，并形成层次，然后制成成品或半成品。卷的方法不同，制作出的品种也各有特色。利用发酵面制作的各种花卷，以及利用油酥面制作的各类卷酥，都是用卷的方法完成的。

卷一般分单卷法和双卷法两类。

(1)单卷法。将面团擀成薄片，抹上油或馅心，从一头卷向另一头，使之成为圆筒状。然后按品种规格切开，即可做成各式面点，如蝴蝶卷、脑花卷、卷筒蛋糕、豆面卷等。

(2)双卷法。面团擀成薄片，抹油或上馅后，从两头向中间对卷，卷到中心为止。两边要卷匀，成为双卷条。双卷法可用来制作如意卷、枕形卷、四喜花卷等。

卷法操作时应注意以下事项：一是面皮擀制时厚薄要一致，抹油或抹馅时要均匀适量。二是卷筒时松紧一致，粗细一致，双卷时两面要卷均衡。三是单卷条接口要压在卷的底部，结合处可以抹少许清水帮助黏合，以防成熟时散卷、开裂，影响制品美观。

酵面发酵程度的鉴别方法

(1)眼看法。用肉眼观察，若面团表面已经出现略向下塌陷的现象，则表示面团发酵成熟。如果面团表面有裂纹或有很多气孔，说明面团已经发酵过度。用刀切开面团后，面团的孔洞小而又少，酸甜味不明显，说明面团发酵不足，还需继续发酵；面团像棉絮，孔洞较大又密，酸味重，说明发酵过头；孔洞呈均匀的蜂窝眼网状结构，即发酵成熟。

(2)手触法。用手指轻轻按下面团，手指离开后，观察面团既不弹回也不下陷，表示发酵成熟。如果很快恢复原状，表示发酵不足，是嫩面团。如果面团很快凹陷下去，表示发酵过度。

(3)手拉鼻嗅法。将一小块面团用手拉开，如果面团有适度的弹性和伸展性，气泡大小均匀，用鼻嗅之，有酒香味，即面团发酵成熟；如果拉开的面团伸展性不充分，拉开时看见气泡分布粗糙，用鼻嗅之，酸味小即发酵不充分；如果面团拉伸时断裂，闻到强烈的酸臭味，表示发酵过度。

发酵程度鉴别是一项难度较高的技术，一定要靠实践的积累，通过多项感官指标(表4-2)鉴别，才能准确地把握。

表4-2　鉴别方法

鉴别方法	特点
眼看法	面团表面已经出现略向下塌陷的现象
手触法	用手指轻轻按下面团，手指离开后，观察面团既不弹回也不下陷，表示发酵成熟
手拉鼻嗅法	将一小块面团用手拉开，如果面团有适度的弹性和伸展性，气泡大小均匀，用鼻嗅之，有酒香味，即面团发酵成熟

做一做

表 4-3 考核要求

面团类型	考核内容	数量	规格	操作时间	评分标准
膨松面团	单卷法	10 个	500 克面粉	20 分钟	1. 面皮擀制时厚薄要一致，抹油或抹馅时要均匀适量 2. 卷筒时松紧一致，粗细一致，双卷时两面要卷均衡 3. 单卷条接口要压在卷的底部，结合处可以抹少许清水帮助黏合，以防成熟时散卷、开裂，影响制品美观
	双卷法	20 个			

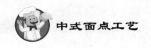

项目三　花　　卷

1. 用料配方

低筋面粉 500 克，酵母 7 克，泡打粉 5 克，水 225 克，猪油 10 克，糖 10 克，精盐，香葱，色拉油。

2. 制作过程

(1) 将面粉、泡打粉过筛，开窝。

(2) 除精盐，香葱，色拉油余下原料放入窝中，加入水擦至糖溶解，埋粉合成雪花状后加入猪油，反复揉制，直至面团光洁，盖上湿布醒 10 分钟。

(3) 将醒好的面团过压面机压至表面光滑，成长方面片，擀成大薄片。

(4) 在面皮上刷一层色拉油，均匀撒上盐和葱花，将面皮卷起，切成大小相等的件。

(5) 左右手的食指和拇指分别拿着件的腰部旋转至 360°成卷花状，排入刷过油的蒸屉中，醒发至原体积的 1.5 倍，上笼蒸 8 分钟至熟，即成花卷。

3. 制作关键

(1) 控制面粉与酵母的比例。

(2) 面团软硬要适度。

(3) 控制好醒发时间。

4. 成品特点

形状美观、色泽洁白、入口松软。

--------- 知识链接 ---------------------------------

影响面团发酵的因素

(1) 温度。温度是影响酵母菌生长繁殖、分解有机物的最主要因素之一。酵母生长的适宜温度是 27~32℃，最合适的是 27~28℃。酵母的活性随着温度的升高而增强，面团产气量也随之大量增加，发酵速度加快。这是因为在不同温度下，酵母菌的活动能力也不相同。例如，0℃以下，酵母菌没有活动能力；0~30℃，酵母菌活力随温度升高不断增强；27~32℃，酵母菌的活动能力最强，繁殖最快；32~38℃，酵母菌活力随温度升高而降低；60℃以上，酵母菌死亡，彻底丧失生长繁殖能力。因此，在调制面团时，选用30℃左右的水温是较为合适的。另外，面团或半成品在饧发时也应使其处于30℃左右的温度，这样才能保证面团在较短的时间内最大限度地膨胀。

（2）酵种。酵种对面团发酵的影响主要是两方面：一是酵种的发酵力，酵种的发酵能力直接影响面团的发酵。酵种发酵能力强，面团发酵速度快；酵种发酵能力弱，则面团发酵速度慢。一般来说酵母较面肥发酵力强。液体鲜酵母、压榨鲜酵母比活性干酵母发酵能力强。二是面团中酵母的用量，一般来说，同一面团中酵母数量增加，面团发酵的速度也随之加快，发酵时间缩短；酵母数量减少，则面团发酵速度减慢，时间也延长。酵母用量要根据实际情况而定。例如，气温高，面团发酵快，可以少放酵母；反之就要适当多放。但酵母数量增加，不能超过一定限度，超过一定限度反而会抑制酵母的活力。酵母数量一般占面粉的2%左右。

（3）面粉。面粉对发酵的影响主要指面筋和淀粉酶的作用。发酵面团具有保持气体的能力是因为面团中含有弹性而又有延伸性的面筋，是因为面粉中蛋白质在30℃以下与水结合形成面筋网络，从而能保持气体并促进面团的涨大。但若面粉中的蛋白质的含量过高，则生成的面筋网络较多，保持气体能力过强，反而会抑制面团的胀大，延长发酵时间。反之，面粉中蛋白质的含量低则出现面筋容易拉伸，保持气体能力弱，结果是面团易塌陷，组织结构不好，制品不膨松。因此，制作一般的发酵制品，应选择面筋含量适中且筋力强的面粉。另外，酵母的繁殖需要淀粉酶将面粉中的淀粉转化成单糖。若面粉已变质或已经过高温处理，淀粉酶的转化能力受到破坏，就会直接影响到酵母的繁殖，抑制酵母产生气体的能力。

（4）加水量。在发酵过程中，加水量不同形成的面团软硬程度也不同。面团的软硬程度与面团产生气体和保持气体的能力有密切的关系。面团软，则发酵速度快，发酵时间短，发酵时易产生二氧化碳，但气体易散失；面团硬，有抗二氧化碳气体产生的性能，发酵时间长，但面筋网络紧密，保持气体的性能良好。加水量具体应根据面粉的质量、性能、气温的高低、面团的用途等因素来具体掌握，调节好软硬。面粉与水的比例一般约为2：1。

（5）渗透压。面团发酵过程中影响酵母菌活性的渗透压主要是由糖和盐引起的。酵母细胞外围有一层半透性的细胞膜，高浓度的盐和糖产生的渗透压很大，可使酵母体内原生质收缩，造成质壁分离而无法生长。因此，当糖、盐达到一定的浓度后，面团发酵受到限制，发酵速度缓慢。糖的使用量一般控制在5%~7%，产气能力大，否则受到抑制。根据面团用途，加糖量超过7%的情况下，可以选择"高糖酵母"。食盐抑制酶的活性，因此添加食盐量越多，酵母产气能力越受抑制。一般食盐量超过1%时，对酵母活性就有抑制作用了。同时，食盐对增强面筋筋力，

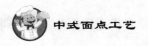

加强面团稳定性有一定的作用。

　　（6）时间。以上各种因素在不同程度上影响着面团发酵的时间。面团发酵时间的长短对发酵质量至关重要。发酵时间越长，产生气体越多。但若时间过长，则面团发酵过度，产生的酵味越大，面团的弹性也越差，制出的成品坍塌不成型；发酵时间短，则产生的气体少，面团发酵不足，制出的成品色泽差，不够暄软。因此，要从多方面综合考虑，准确掌握时间，取得良好的发酵效果。

做一做

表4-4　考核要求

面团类型	考核内容	数量	规格	操作时间	评分标准
膨松面团	花卷	10个	低筋面粉500克	60分钟	1. 控制面粉与酵母的比例 2. 面团软硬要适度 3. 控制好醒发时间

项目四　鲜肉提褶包

1. 用料配方

面皮用料：面粉 500 克，酵母 6 克，白糖 40 克，泡打粉 5 克，纯牛奶 50 克，水 200 克。

馅心用料：五花肉 250 克，葱白 100 克，湿香菇 50 克，去皮马蹄 50 克，盐 4 克，鸡精 3 克，味精 4 克，糖 3 克，蚝油 10 克，生抽 20 克，胡椒粉 2 克，生粉 8 克，料酒 5 毫升，猪油 25 克，姜水 100 克，花生油 25 克。

2. 制作过程

（1）五花肉剁成泥状放入器皿内，加入盐、鸡精、味精、糖、蚝油、生抽、胡椒粉、生粉，水拌至起胶。

（2）分次加入姜水，搅打至馅吃透水分。

（3）加入葱花、马蹄粒香菇粒拌匀，最后加入猪油、香油拌匀即可。

（4）将面粉、泡打粉过筛，开窝。

（5）加入水、酵母、糖、纯牛奶擦至糖溶解，埋粉合成雪花状后加入猪油，反复揉制，直至面团光洁。

（6）面团过压面机压至表面光滑，成长方面片，放在案板上卷成实心圆条。

（7）将圆条揪剂，擀制成中间稍厚、边缘稍薄的 7 厘米直径的坯皮。

（8）左手托皮，抹肉馅，用右手拇指和食指沿边边包边提褶，捏出 18~26 个褶裥，并收口呈鲫鱼嘴，排入刷过油的蒸屉中，醒发至原体积的 1.5 倍。

（9）将醒发好的生坯，蒸制 8 分钟至成熟即可。

3. 制作关键

（1）发酵面团软硬适当，膨松涨发。

（2）左右手配合紧密，收口小巧、自然、像鲫鱼嘴。

（3）包好收口时动作要轻，不可将馅心挤出，要捏紧捏严，馅心居中。

4. 成品特点

形态饱满，馅心居中，褶纹清晰均匀，不少于 18 个褶子，收口自然、小巧，馅心咸鲜味美。

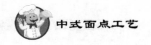

面团发酵的原理

面团中引入酵母菌，酵母菌即可用葡萄糖(面团中的淀粉在淀粉酶的作用下分解而成)作为养分，在适宜的温度下，迅速繁殖增生，它们体内分泌出一种复杂的有机化合物——酶(酵素)，它能促使单糖分子分解为乙醇和二氧化碳，同时产生热量。酵母菌不断繁殖并分泌酶，二氧化碳随之大量生成，并被面团中面筋网络包住不能逸出，从而使面团出现了蜂窝组织，变得膨松柔软，并产生酸味和酒香味，这就是酵母发酵的过程。这个过程大致有三个作用。

(1)淀粉酶的分解作用。面粉掺水调制成面团后，面粉中的淀粉酶在适当的条件下，活性增强，先把部分淀粉分解成麦芽糖(二糖)，进而分解成葡萄糖(单糖)，为酵母繁殖和分泌"酵素"提供了养分。如果没有淀粉酶的作用，淀粉不能分解为单糖，酵母就不能繁殖和发酵。因此淀粉酶的分解作用是酵母发酵的重要条件。

(2)酵母繁殖和分泌"酵素"。酵母在面团中获得养分后，就大量繁殖和分泌"酵素"。它们基本上是同时进行的，但因面团内气体成分和含量不同，生化变化也不相同。一方面是酵母菌在有氧条件下(面团刚刚和成，面团内吸收了大量的氧气)，利用淀粉水解所产生的葡萄糖进行繁殖，产生大量的二氧化碳，随着发酵作用的继续进行，二氧化碳数量逐步增加，使面团膨胀体积愈发愈大；另一方面是酵母菌在繁殖过程中分泌出更多的酶，随着酵母菌的呼吸作用二氧化碳也逐渐增多，氧气减少，在缺氧的条件下，酵母菌发酵产生二氧化碳、乙醇和少量热量。这个过程也就是静置发酵的过程。

(3)杂菌繁殖和酸味的产生。利用酵母(鲜、干酵母)发酵，因是纯菌，发酵力大，发酵时间短，杂菌不容易繁殖，所以一般不产生酸味。但如果用面肥发酵，面肥内除酵母菌外，还含有杂菌(醋酸菌等)，在发酵过程中，杂菌也随之繁殖和分泌氧化酶，把酵母发酵生成的酒精分解为醋酸和水。发酵时间越长，杂菌繁殖越多，氧化酶的作用越大，面团内的酸味就越重。这就是面肥发酵出现酸味的原因。

做一做

表 4-5 考核要求

面团类型	考核内容	数量	馅心	规格	操作时间	评分标准
膨松面团	鲜肉提褶包	10 个	肉馅类	面粉 500 克、猪肉馅 250 克	60 分钟	1. 发酵面团软硬适当，膨松涨发 2. 左右手配合紧密，收口小巧、自然，像鲫鱼嘴 3. 包好收口时动作要轻，不可将馅心挤出，要捏紧捏严，馅心居中

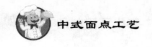

项目五 蝴蝶卷

1. 用料配方

面粉 200 克，酵面 350 克，糖 15 克，盐 20 克，碱 3 克，温水 100 克。

2. 制作过程

(1)面粉过筛，开窝。

(2)加入糖、温水，搅至糖溶，进粉抄拌成雪花状后，加入猪油揉搓成光滑的面团再与面肥合在一起。

(3)碱用温水化开，揣揉进面团中，盖上湿布醒 10 分钟。

(4)面团过压面机，压成厚薄均匀的面片，刷上油，均匀撒上盐，从一端卷起成卷。

(5)压扁后，切成均匀的小卷(断面朝上)并排摆在一起。

(6)两卷一组贴紧，接口处向左右两边，用筷子夹住小卷左右两旁的 1/3 处，慢慢用力夹紧，使小卷贴在一起，头尾张开即可。

(7)生坯排入刷过油的蒸屉中，旺火蒸制 10 分钟。

3. 制作关键

(1)加碱要准确。

(2)加碱之后面团要静置 10 分钟。

(3)面皮厚薄均匀，卷制要紧。

4. 成品特点

形似蝴蝶，色泽乳白，口感暄软。

········· 知识链接 ·······································

面点成型技法——包

包是将制好的面皮包入馅心使之成型的一种方法，如包子、馅饼、烧麦、春卷、粽子、汤圆、馄饨等制品都采用包的方法成型。在实际操作中，包馅法的手法动作和成型要求变化较多，有无缝包法、提褶包法、包拢法、包卷法、包裹法等。

（1）无缝包法。无缝包又称无褶包，其操作简单，适合制作馅饼、汤圆等制品。具体做法是左手托皮，手指向上弯曲，使皮在手中成凹形，将馅心放入凹槽处，按紧按平，然后通过右手虎口和手指的配合，边包边将馅心下按，边包边收紧封口，捏掉剂头，然后搓成圆形或者椭圆形等。

（2）提褶包法。提褶包法主要适合制作各式包子。包出的褶裥要求间隔均匀、整齐，褶纹为18~26道。左手托皮，手指向上弯曲，呈窝状放入馅心，按紧按平，右手拇指、食指捏住坯皮的边缘，拇指在里，食指在外，食指由前向后一捏一褶，拇指随之移动，同时借助馅心的重力向上提起，左手与右手配合甩动，沿顺时针方向移动，形成均匀的褶裥。

（3）包拢法。包拢法的具体做法是左手托皮，手指向上弯曲，使皮在手中成凹形，将馅心放入凹槽处，按紧按平，左手五指将皮子四面朝上，用右手馅挑板托住底部，左手五指从腰部包拢，稍稍挤紧，但不封口，从上端可见馅心，下面圆鼓，上呈花边，形似白菜状或石榴状。

（4）包卷法。包卷法是将制好的皮平摊在案板上，挑入馅心，放在皮的中下部，将下面的皮向上翻折压在馅心上，两端往里捏，再将上面的皮往下叠，叠时均匀地抹点面糊粘住，成长条形。这方法适合春卷等制品。

（5）包裹法。包裹法适合粽子成型。具体方法将在学习粽子制作时详细介绍。

包法操作应注意事项有：一是坯皮要厚薄均匀，馅心包在皮中间。二是馅心不要沾在坯皮边缘，以防收口包不住而成熟时散碎露馅。三是收口时用力要轻，不可将馅挤出，要包紧、包匀、包正。四是包的制品规格一致，形态美观，方法正确，动作熟练。

做一做

表 4-6　考核要求

面团类型	考核内容	数量	规格	操作时间	评分标准
膨松面团	蝴蝶卷	10个	面粉200克，酵面350克	60分钟	1. 加碱要准确 2. 加碱之后面团要静置10分钟 3. 面皮厚薄均匀，卷制要紧

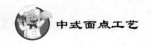

项目六 寿 桃 包

1. 用料配方

酵面 500 克，豆沙馅 100 克，碱 4 克，可可粉 1 克，绿茶粉和红色素适量。

2. 制作工具

刮板，骨板，牙刷，蒸笼，蒸锅，油刷，秤等。

3. 制作过程

(1)酵面加碱水揉匀，盖上湿布醒 15 分钟。

(2)搓条下剂子，擀成圆皮。

(3)包入馅心，收口成球形。

(4)在球形上部捏成斜尖，用骨板侧面压一道凹成桃形。

(5)少量酵面加绿茶粉揉匀制成桃叶并压出叶脉，粘在桃的底部。

(6)少量酵面加可可粉揉匀成咖啡色做成桃柄。

(7)生坯排入蒸屉醒 15 分钟后，旺火蒸制 15 分钟，给桃尖弹上红色素。

4. 制作关键

(1)加碱要准确。

(2)面团要和得稍硬些。

(3)形态要逼真，食红要轻淡。

5. 成品特点

形似寿桃，松软香甜，庆生佳品。

知识链接

发酵面团的种类

发酵面团因其发酵的程度和调制方法的不同，一般可分为大酵面、嫩酵面、碰酵面、开花酵面、烫酵面等。

(1)大酵面。大酵面也称全酵面，是将面肥或酵母与水调和，经发足的面团，即发酵成熟的面团。这种面团用途广泛，制出的成品暄软、洁白、饱满、易消化。

适于做馒头、包子、花卷等品种。

（2）嫩酵面。嫩酵面也称小酵面，是指没有发足的面团，即面团发酵还未成熟，发酵程度相当于大酵面的1/3。这种面团松软中带些韧性，且具有一定的弹性和延伸性，结构比较紧密，最适宜做皮薄卤多馅软的品种，如小笼包子、蟹黄汤包等。

（3）碰酵面。碰酵面也称呛酵面。这种面团的调制方法是在面肥与面粉以2∶3或者1∶1的比例调和后即可使用，根本不需发酵时间，随制随用。其用途与大酵面基本相同。但从成品的质量上讲，不如大酵面洁白、光亮。

（4）开花酵面。开花酵面调制的发酵面团，酵种用量较大，发酵时间略长，面团稍微成熟过度。加碱中和时适当加白糖、猪油，反复揉匀。成型后饧面10分钟，旺火蒸制，使制品表面自然开花，如开花馒头、叉烧包等。

（5）烫酵面。烫酵面即把面粉用沸水拌和，拌成雪花状，调制成热水面团，待其稍冷后再放入酵种揉制、发酵而成的面团。烫面团拌粉时因使用沸水烫粉，所以成品筋性小，色泽较次、不白净。但这种面团制作的成品吃口软糯、爽口，较适宜制作煎、烤的品种，如黄桥烧饼、生煎包子等。

做一做

表4-7　考核要求

面团类型	考核内容	数量	馅心	规格	操作时间	评分标准
膨松面团	寿桃包	10只	豆沙馅	酵面500克，豆沙馅100克	60分钟	1. 加碱要准确 2. 面团要和得稍硬些 3. 形态要逼真，食红要轻淡

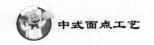

项目七　叉烧包

1. 用料配方

面皮用料：面种 500 克，低筋面粉 150 克，白糖 150 克，泡打粉 10 克，臭粉 2.5 克，枧水 8 克，纯牛奶 25 克。

腌叉烧用料：猪肉 500 克，白糖 50 克，麦芽糖 25 克，生抽 25 克，老抽 20 克，蚝油 20 克，盐 6 克，味精 6 克，葱 150 克，叉烧酱、芝麻酱、海鲜酱、花生酱各 5 克。

叉烧芡用料：八角、桂皮各 10 克，香叶、草果、花椒各 5 克，葱、洋葱各 100 克，生粉、粟粉各 25 克，白糖 100 克，叉烧酱、芝麻酱、海鲜酱、花生酱各 10 克，老抽、生抽、蚝油、姜、生油各 100 克，盐、鸡精、味精各 5 克，水 500 克。

叉烧馅：叉烧 250 克，叉烧芡 150 克，香油 5 克。

2. 制作过程

（1）叉烧。

① 猪肉洗净切成小条状晾干水分。

② 加入白糖、麦芽糖、生抽、老抽、蚝油、盐、味精、葱、叉烧酱、芝麻酱、海鲜酱、花生酱捞匀腌 3 小时。

③ 将腌好的肉条排入烤盘，以上火 200℃，下火 180℃烤 30 分钟即可。

（2）叉烧芡。

① 水分两份。

② 生粉、粟粉过筛加入一份水中和匀成粉浆备用。

③ 起锅，加入生油烧热，放入八角、桂皮、香叶、草果、花椒、葱、洋葱、姜小火煸至洋葱、葱微黄后，打杂。

④ 加入一份清水、白糖、叉烧酱、芝麻酱、海鲜酱、花生酱，老抽、生抽、蚝油、姜、生油，盐煮沸，边搅边加入粉浆炒至光滑即成。

（3）叉烧馅。叉烧 250 克切指甲片，叉烧芡 150 克，香油 5 克捞匀，放入冰箱备用。

（4）叉烧包。

① 将面团稍过压面机，下挤，擀成中间厚四周薄的圆皮，包入馅心，捏成雀笼形，垫上油纸排入蒸屉。

②旺火蒸制 10 分钟即可。

3．制作关键

（1）选用面肥不宜过老，醋酸味微弱为佳。

（2）对碱要适合。

（3）蒸制要用旺火。

4．成品特点

色泽乳白，开花整齐，暄软香甜。

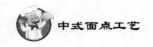

项目八　秋 叶 包

1. 用料配方

面粉 500 克，酵母 5 克，泡打粉 5 克，白糖 30 克，纯牛奶 20 克，猪油 10 克，水 200 克，红豆馅 200 克。

2. 制作过程

(1)面粉、泡打粉过筛，开窝。

(2)水、牛奶、白糖、酵母放入窝中，搅至糖溶。

(3)进粉拌成雪花状，加入猪肉油揉至面团光滑，盖上湿布醒 10 分钟。

(4)面团搓条、下挤，擀成中间稍厚的圆皮。

(5)先用右手的食指和拇指捏出五褶，再用食指和拇指将皮子两面比齐，两指交叉捏出 8~10 对对称褶，呈现纹路均匀对称的两排叶经花纹，直至末端。

(6)适当进行整形，使之尾部肥大，顶部细尖，排入蒸笼发至原体积的 1.5 倍。

(7)将发好的生坯蒸 10 分钟至成熟。

3. 制作关键

(1)面坯要揉透，皮面的光洁度要高。

(2)注意手指的相互配合、协调，捏出的褶裥要清晰。

(3)两侧经脉细密、均匀、清晰，中间的主经脉要粗大、平滑。

4. 成品特点

宛若一片树叶，褶裥清晰、工整、对称，形态饱满、挺拔、美观，膨松有弹性。

项目九　清　蛋　糕

1. 用料配方

鸡蛋 1100 克，细砂糖 450 克，低筋面粉 450 克，塔塔粉 10 克，水 200 克，色拉油 200 克，泡打粉 10 克。

2. 制作过程

（1）将鸡蛋分开蛋黄、蛋白分别放入干净的容器中。

（2）面粉、泡打粉过筛备用。

（3）水、色拉油倒入干净的盆中，加入 80 克细砂糖搅匀至无颗粒。

（4）加入过筛的面粉、泡打粉搅匀后，倒入蛋黄和匀至顺滑。

（5）蛋白、塔塔粉倒入干净的搅拌桶中，慢速打制发泡后加入 1/2 细砂糖，用中速打制湿性发泡，再将剩余的细砂糖加入，搅打制中性发泡。

（6）将 1/3 的蛋白糊与蛋黄糊和匀，再倒回蛋黄糊中和匀即可。

（7）将和匀的蛋泡糊倒入垫有烘焙纸的烤盘里，刮平，以上火 200℃，下火 170℃烤 35 分钟。

（8）出炉晾凉。

3. 制作关键

（1）分蛋时蛋白中不宜有蛋黄，否则会影响蛋白起发。

（2）开面糊时注意投放的次序。

（3）打蛋糕所需用具必须干净。

（4）控制好烘烤的温度及时间。

4. 成品特点

色泽浅金黄，绵软有弹性，口味香甜。

知识链接

物理膨松的基本原理

物理膨松的基本原理是以充气方法，使空气存在于面团中，通过充气和加热，使面团体积膨大、组织疏松。用作膨松充气的原料必须是胶状物质或黏稠物，具有

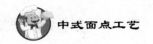

包含气体并不使之逃散的特性，常用的有鸡蛋和油脂。以鸡蛋制品为例，鸡蛋的蛋白有良好的起泡性能，通过一个方向的高速抽打，一方面打进许多空气，另一方面使蛋白质发生变化，其中，球蛋白的表面张力被破坏，从而增加了球蛋白的黏度，有利于打入的空气形成泡沫并被保持在内部。由于不断抽打，黏蛋白和其他蛋白会发生局部变形，凝结成蛋白薄膜，将打入的空气包裹起来。因蛋白胶体具有黏性，空气被稳定地保持在蛋泡内，受热后空气膨胀，因而制品疏松多孔，柔软而有弹性。

蛋泡面团的调制

（1）鸡蛋的选用。蛋泡面团的调制必须用新鲜鸡蛋，而且是越新鲜越好，因为新鲜鸡蛋胶体稠、浓度高，含氮物质多，灰分少，能打进的气体多（抽打后能增加体积3倍以上），且能保持气体性能稳定，蛋液容易打发膨胀。存放时间过久的蛋和散黄蛋，均不宜使用。

（2）面粉的选择。蛋泡面团宜用粉质细腻而筋力不大的低筋粉，如使用筋力较大的粉，面团在加入面粉时容易上劲而排出气体，就不能达到成品膨松的效果。

（3）抽打蛋泡。抽打蛋泡是关键环节。鸡蛋加入盆内后（一定要保持盆内干净、无水、无油、无碱、无盐），用打蛋器顺一个方向高速抽打，打至蛋液呈干厚浓稠的泡沫状，颜色发白，能立住筷子时为止，然后加入面粉拌和即成（加入面粉后不宜再打，以免上劲）。

随着科技的发展，在食品的加工方面也有了一定的变化，在调制物理膨松面团时为了使成品更膨松、更细腻，常加入一些添加剂，如蛋糕油等，以使打出的面团更稳定，操作起来更简单。

做一做

表 4-8　考核要求

面团类型	考核内容	原料准备	操作时间	评分标准
蛋泡面团	清蛋糕	鸡蛋1100克，细砂糖450克，低筋面粉450克	60分钟	1. 操作规范、揉面手法正确 2. 分蛋时蛋白中不宜有蛋黄 3. 打蛋糕所用用具必须干净 4. 控制好烘烤的温度及时间

项目十 油 条

1. 用料配方

高筋面粉 500 克，泡打粉 5 克，盐 10 克，食粉 3 克，臭粉 2 克，枧水 5 克，水 350 克，色拉油 1500 克(油炸用)。

2. 制作过程

(1)将面粉过筛倒入盆中，分次加入盐、食粉、臭粉、枧水和清水混合的溶液。

(2)用抄拌法将面粉抄匀。

(3)双手握拳，将面坯捣开。

(4)用手捣匀，再依次从下面向中间叠、从左向中间叠，从右面向中间叠，并依次捣匀。

(5)用保鲜膜封好，醒 30 分钟后再将面坯捣开(重复两次，每次间隔 30 分钟)，后醒约 2 小时。

(6)在面板上刷油，将面坯放在面板上，铺成宽 12 厘米，厚为 0.8 厘米的长方形。

(7)用刀切成 2 厘米宽，长 12 厘米的条。

(8)两条面条一组，叠在一起，用刀背压一下，使两条面中间相连即成生坯。

(9)用两手将生坯从中间向两端抻开约长 30 厘米，放入约 200℃的油锅中，并用筷子不停地翻动生坯。

(10)炸至色泽金黄即可出锅沥油。

3. 制作关键

(1)面团的软硬要适中。

(2)醒面时间要充足，保证成品的疏松性。

(3)动作娴熟，成品条直美观。

(4)炸制时需要经常翻动坯体，使其充分起发。

4. 成品特点

色泽金黄，起发好，外脆内软，味道甘香。

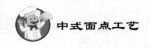

------ 知识链接 ------

化学膨松剂的原理及种类

化学膨松是利用某些食用化学剂在面团调制和加热时产生的化学反应来实现面团膨松的目的。面团内掺入化学膨松剂调制后，在加热成熟时受热分解，可以产生大量的气体，这些气体和酵母产生的气体的作用是一样的，也可使成品内部结构形成均匀的多孔性组织，达到膨大、酥松的目的，这就是化学膨松的基本原理。目前常用的化学膨松剂有两类，一类是发粉，包括小苏打(碳酸氢钠)、臭粉(碳酸氢铵或称阿摩尼亚粉)、发酵粉等，可单独调制面团；另一类是矾(硫酸铝钾)、碱(碳酸钠)、盐(氯化钠)等，需要结合其他膨松剂使用。

化学膨松面团调制的操作要领

由于各种化学膨松剂的化学成分各不相同，所以不同面团加入不同膨松剂后其膨松程度也有所不同，因此，在制作面点时，采用的化学膨松剂种类及其用量都会影响膨松效果，并直接影响成品质量。

(1)正确选择化学膨松剂。要根据制品种类的要求、面团的性质和化学膨松剂自身的特点，选择适当的膨松剂。例如，小苏打适用于高温烘烤的糕饼类制品，如桃酥、甘露酥等，也适用于制作面肥发酵面团品种。臭粉比较适于制作薄形糕饼，因其加热后气味难闻，薄形糕饼面积大、用量小，气味易挥发，当然臭粉也可制作馒头，如广东的开花包就是用臭粉制作的。但是如将臭粉作为膨松剂制成的品种，成品应冷却后上桌，否则臭粉的不良气味会使食客产生误解。制作油条类食品，可选用矾、碱、盐等做膨松剂。化学膨松剂的种类和用途见表4-9。

(2)严格控制化学膨松剂的用量。操作时必须掌握好用量。用量多，面团苦涩；用量不足，则成品不膨松，影响制品质量。例如，小苏打用量一般为面粉重量的1%~2%；臭粉的用量为面粉重量的0.5%~1%；制油条时，矾、碱使用量为面粉的2.5%；发粉可按其性质和使用要求掌握用量。另外，根据气温的不同，膨松剂的用量也会有所变化，夏天面团中膨松剂的用量可适当增加一些，因天气炎热，面团中的膨松剂较易挥发，而冬天可适当减少。

(3)科学掌握调制方法。在溶解化学膨松剂或在调制放入了化学膨松剂的面团时，应使用凉水。化学膨松剂遇热会起化学反应，分解出部分气体，使成品在成熟时不能产生膨松效果而影响质量。加入化学膨松剂的面团必须揉匀揉透，否则成熟后成品表面就会出现黄色斑点，并影响口味。

表 4-9　常用的化学膨松剂的种类及用途

化学膨松剂	别名	性状	运用
碳酸氢钠	小苏打、重碱	白色粉末，无臭味	油条、麻花以及各类甜酥面点
碳酸钠	食碱	白色粉末或细粒状	包子、馒头
碳酸氢铵	臭粉	白色粉状结晶，有刺鼻的氨气味	炸点、烤点
泡打粉	发粉、发酵粉	白色粉末	蒸、烘、烤、煎等方法制作成各式包点

做一做

表 4-10　考核要求

面团类型	考核内容	操作时间	准备工作	评分标准
化学膨松买面团	调制化学膨松面团	40分钟	化学膨松剂	1. 面团的软硬要适中 2. 成品的疏松性 3. 动作娴熟，成品条直美观 4. 坯体充分起发

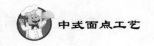

项目十一 月季花包

1. 用料配方

低筋粉 500 克，水 220 克，猪油 15 克，泡打粉 3 克，酵母 5 克，白糖 50 克，纯牛奶 20 克，豆沙馅 200 克。

2. 制作过程

（1）面粉、泡打粉过筛，开窝。

（2）水、牛奶、白糖、酵母加入窝中搅至糖溶。

（3）进粉，和成雪花状，加入猪油，揉至面团光滑盖上湿布醒 10 分钟。

（4）将面团擀成 0.4 厘米厚的面片，用直径 4 厘米、6 厘米、8 厘米的圆形刻摸，分别刻出面皮。

（5）三种规格的面皮以三片一组排好，用刮板将组面皮一分为二。

（6）取一小块面皮包入豆沙馅做花心，一次将六张面皮从小到大依次错落的贴上。

（7）用拇指和食指将花瓣边缘捏薄使花瓣略微向外翻翘。

（8）将生坯排入蒸笼内，待发酵至原体积的 1.5 倍，蒸制 8 分钟即可。

3. 制作关键

（1）用刻模刻出花瓣，避免面皮厚薄不一致。

（2）手法轻巧，减少手工捏制的痕迹。

（3）花瓣边缘不要太薄，否则不能正常发酵。

（4）掌握发酵模及蒸制的时间。

4. 成品特点

色泽白净，形态美观，发酵适中，口感暄软。

项目十二　贝　壳　包

1. 用料配方

低筋粉 500 克，水 240 克，酵母 5 克，泡打粉 3 克，白糖 50 克，炼乳 15 克，猪油 15 克，鲜肉馅 400 克。

2. 制作过程

(1)面粉、泡打粉过筛，开窝。

(2)水、牛奶、白糖、酵母加入窝中搅至糖溶。

(3)进粉，和成雪花状，加入猪油，揉至面团光滑盖上湿布醒 10 分钟。

(4)在案板上撒上干粉，用走槌将面团擀成 0.4 厘米厚的面片。

(5)用直径 6 厘米的圆形刻模刻出圆皮。

(6)两块面皮一组，其中一块面皮表面刻出均匀的放射状刻纹，另一块在中间填入馅心。

(7)将放射状刻纹的面皮覆盖在上，合上两块面剂，四周稍按薄压紧，右手拇指、食指掐住放射刻纹开始的那端，用刮板顺着放射线的纹理在边缘上向里推进，成自然的弧形边，然后在右手掐住的那段横着刻出 3~4 条刻纹，即成贝壳包生坯。

(8)将生坯拍入蒸笼内，待发至原体积的 1.5 倍，蒸制 8 分钟即可食用。

3. 制作关键

(1)先刻纹再成型，避免馅心顶破面皮。

(2)刻纹以不破皮为宜，太浅发酵后纹路不清晰。

(3)馅心宜干不宜稀，汁水不能渗出。

4. 成品特点

刻纹清晰，形态美观，生动逼真，口感暄软。

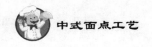

项目十三　章鱼包

1. 用料配方

低筋粉 500 克，水 240 克，酵母 5 克，泡打粉 3 克，白糖 50 克，炼乳 15 克、猪油 15 克，鲜肉馅 500 克，沸水，澄粉，黑芝麻。

2. 制作过程

（1）面粉、泡打粉过筛，开窝。

（2）水、牛奶、白糖、酵母加入窝中搅至糖溶。

（3）进粉，和成雪花状，加入猪油，揉至面团光滑盖上湿布醒 10 分钟。

（4）面团搓条，摘剂子，擀成 7 厘米直径的面皮，包入馅心，用包拢法捏拢收口，紧接着双手在收口处搓长至 7 厘米。

（5）将搓长部位用面杖擀薄，掐住收口处用刀在擀薄的部位切出 8~10 根触须。

（6）将触须自然地张开、弯曲或伸直，装上澄粉面团和黑芝麻制作的眼睛，即成章鱼包生坯。

（7）排入蒸笼，待发至原体积的 1.5 倍，蒸 10 分钟至熟即可。

3. 制作关键

（1）触须搓长而不是捏长。

（2）触须厚薄均匀、不断裂，用面杖擀薄而不要用手按薄。

（3）防止触须粘连，用菜刀拉切而不是直切。

4. 成品特点

形态可爱，色泽白净，膨松暄软。

项目十四　金　鱼　包

1. 用料配方

低筋粉 500 克，酵母 5 克，泡打粉 3 克，白糖 50 克，炼乳 15 克，猪油 15 克，水 240 克，豆沙馅 200 克。

2. 制作过程

(1)面粉、泡打粉过筛，开窝。

(2)水、牛奶、白糖、酵母加入窝中搅至糖溶。

(3)进粉，和成雪花状，加入猪油，揉至面团光滑盖上湿布醒 10 分钟。

(4)面团搓条，摘剂子，擀成 7 厘米直径的面皮，包入馅心，右手的食指和拇指捏出五褶，再用食指和拇指将皮子两面比齐，两指交叉捏出 8~10 对对称褶，呈现纹路均匀对称的两排叶经花纹，不收口。

(5)收口处用面杖擀平(或用掌根按平)做成大尾巴，用刮板、骨针刻上刻纹，中剪开。

大的一头捏成头形，嘴巴略尖起，用骨针略撅起。

(6)用花钳钳出鱼鳃、背鳍，搓两块小面团刻上刻纹做胸鳍。装上澄粉面团和芝麻做成眼睛即成生坯。

(7)生坯排入蒸笼，发至原体积的 1.5 倍，蒸 8 分钟至熟即可。

3. 制作关键

(1)金鱼身躯修上，鱼尾与躯体比例要协调。

(2)尾巴不宜太薄否则不利于发酵。

(3)注意整形做出动态状。

4. 成品特点

色泽白净，生动美观，口感暄软。

─────── 知识链接 ───────────────────────────

面点创新与逆向思维

逆向思维也叫求异思维，是"新设想、新举措"的助推器，是对司空见惯的、

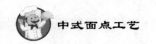

似乎已成定论的事物或观点反过来思考的一种思维方式。即打破惯常的思维方式，反其道而行之，得到奇妙的创新方案，达到求新、求异、与众不同的效果。逆向思维有很多种具体方法，面点创新中主要的方法有以下几种。

1. 反转型思维改变面点固有表象

反转型思维是指从已知事物的相反方向进行思考，产生发明构思的途径。"事物的相反方向"常常从事物的功能、结构、因果关系等3个方面作反向思维。每个市场成熟的面点作品都有其"固有的表象"。因为面点制品一经创造出来被消费者认可后，就拥有了其基本特征，并让消费者产生认同感。逆向思维则要对作品的表象进行改变，打破消费者的固有感觉，从而产生新奇感。运用反转型思维可以改变造型，也可以改变馅心、成熟技法、色彩、面皮等方面，从而形成反固有表象的风格。例如，米粉制品香糯金猪，就是传统麻团的创新作品。麻团也叫麻球，是大家熟悉的浑圆造型，创新设计中给麻团来个大"变脸"，变成了可爱的小猪造型。油酥制品枇杷酥，创作者将食用性兼艺术性的苏式船点枇杷造型嫁接到油酥制品中，从而创作出色泽白净、酥层清晰的明酥制品，带给人们别具一格的艺术享受，这就是利用了面皮的逆向改变。

2. 转换型思维使面点独具特色

转换型思维，是指在研究某一问题时，由于解决同一问题的手段受阻，而转换成另一种手段，或转换思考角度进行思考，以使问题顺利解决的思维方法。例如，苏式船点蘑菇，配合精美的盘饰，这样的面点作品生动可爱，很容易拉近与顾客的距离，特别会引起小朋友的喜爱。但是常态的结构造型人们看见后往往反应可能比较平淡，难以引起消费者的注意。相反，同样以蘑菇为造型的蘑菇酥，就别出心裁地采用仰视的观察角度，从而看见蘑菇内侧的条纹状纹路，将它提炼出来设计成蘑菇酥的外观纹理，通过明酥精湛的技法将它呈现出来，别具特色。所以，从惯常的角度观察生物无法捕捉新奇优美的造型时，通过转换思维，尝试转换一个角度观察得出制品造型，往往会出奇制胜。

3. 缺点逆用思维让面点出奇制胜

缺点逆用思维，是利用事物的缺点，将缺点变为可利用的东西，化被动为主动，化不利为有利的思维方法。例如，麻团由于油温较难控制，制作过程中常出现麻团坯皮裂开、爆炸的情况，有热油飞溅烫伤的危险。这些可以说是这个传统制品的缺点了。创作者在实际操作中克服这些缺点，利用不利因素，将麻团做成葫芦、南瓜、小兔和米老鼠等多种造型，通过入油锅炸成色泽金黄、形态饱满、造型逼真的面点制品，不仅有麻团一样的美味，更有麻团望尘莫及的美丽造型。再如传统的无缝包子，要求制品形态圆整、立体感强、表面光洁、吃口绵软，看似最简单的品种，但是由于发酵过程中面团体积膨胀，形态的圆整性和立体感很难符合要求，创作者敢于从"缺点"下手，适当改良，包入蛋黄馅心，捏成鸭蛋造型，成功创作了发酵制品中的"极品"——鸭蛋包。缺点递用创新的作品往往会出奇制胜，更好更快地被消费者接受、认可和欣赏。

做一做

表 4-11　考核要求

面团类型	考核内容	操作时间	准备工作	评分标准
化学膨松面团	金鱼包	40 分钟	低筋粉 500 克，豆沙馅 200 克	1. 金鱼身躯修上，鱼尾与躯体比例要协调 2. 尾巴不宜太薄 3. 注意整形做出动态状

油酥面团制品

 模块导读

　　油酥面团是指用油和面粉作为主要原料调制而成的面团。其制品具有干香酥松、体积膨松、色泽美观、口味多变、营养丰富等特点。

　　油酥面团的品种繁多，制作要求各不相同，成型方法也各有特色，但按酥皮制作特点大致可分为单酥类和层酥类两种。其中层酥类根据使用原料及制作方法的不同，又分为包酥类和擘酥类。

　　其实油酥还可从另外多种角度来分类：根据成品是否有分层，可分为层酥面团和单酥面团两种；根据成品是否看得到酥层可分为明酥、暗酥、半暗酥三种；根据酥层呈现的形式，分为圆酥、直酥两种；根据包酥面团的大小，可分为大包酥和小包酥两种；根据调制面团时是否放水，可分为干油酥和水油酥。本模块的学习主要以前面三种分类方法展开。

 内容描述

　　本模块的内容包括13个学习任务，开口笑、广式月饼、酥皮月饼、鸡仔饼、菊花酥、眉毛酥、荷花酥、葫芦酥、木瓜酥是传统基础制品，梅花酥、萝卜酥、木桶酥、绣球酥为拓展创新制品。通过本模块的学习，可以熟练掌握油酥制品制作的工艺过程与技巧，顺利通过高级面点师油酥面团模块的技能考核，同时通过创新品种的启发，拓展创新思维，提高创新能力，解决实际工作中的问题，为更高级别的技能考核以及岗位无缝对接夯实基础。

 学习目标

1. 认识并了解油酥面团的成团原理及酥松原理。
2. 掌握油酥面团不同酥心、酥皮的调制方法。
3. 掌握油酥面团起酥的制作过程，并能制作出常见的油酥制品。
4. 掌握油酥的主要成熟技法——烤、炸。
5. 掌握1~2个创新油酥制品的制作，触类旁通，培养一定的创新思维和能力。
学习时间：建议60课时。

项目一 开 口 笑

1. 用料配方

低筋面粉 500 克，白糖 200 克，鸡蛋 1 个，泡打粉 7 克，食粉 4 克，猪油 50 克，白芝麻仁 200 克，清水 125 克。

2. 制作过程

(1) 低筋面粉过筛、泡打粉过筛，中间开窝。

(2) 将白糖、猪油、鸡蛋、水放入窝中搅制糖溶，进粉用复叠手法和成面团，盖上湿布醒 20 分钟。

(3) 将面团搓条，下成大小相等的小剂子，将剂子揉搓成球状，将其表面沾少量水后滚上芝麻。

(4) 锅中烧油至三成热时将生坯放入锅中，慢火炸，待生坯浮起、自然开裂时，逐步升高油温炸至金黄色时捞出。

3. 制作关键

(1) 和面团采用复叠手法。

(2) 圆剂表面沾些水，再滚芝麻，滚好后再搓圆，这样芝麻粘的更牢。

(3) 炸制时要注意油温不能过高，否则会外焦内生。

4. 成品特点

大小均匀，表面开裂成 3~4 瓣，色泽金黄，香酥可口。

---------- 知识链接 --

单酥面团

单酥面团又称松酥面团，是由面粉、糖、油、蛋等为主要原料调制而成的。由于制作方法及原料不同，可以分为混酥类面团和浆皮类面团两大类。

混酥类面团原料除面粉、糖、油、蛋(少量清水)外，为了使其成品更为酥松，一般还会加入化学膨松剂混合使用，如泡打粉、臭粉等。典型品种有桃酥、开口笑等。

浆皮类面团是以面粉、油、糖浆(麦芽糖)为主要原料调制而成。这种面团具

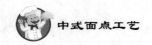

有良好的可塑性，成型时不酥不脆、柔软不裂，成熟时极易着色，成品一般两天后回油，此时口感油润松酥。典型品种有广式月饼等。

单酥面团调制的要点如下。

（1）根据制品的配方要求正确投料。

（2）油、糖、蛋等原料要充分混合后再拌粉，可以有效防止面粉产生筋力。

（3）面团温度宜低，可以防止面团走油及化学膨松剂自动分解失效。

（4）面团调制时间不宜过长，避免生筋，放置时间也不宜太久，随调随用。

油酥面团的成团及酥松原理

1. 油酥面团的成团原理

油酥面团成团主要是因为在调制面团时用了一定量的油脂。油脂是一种胶体物质，具有一定的黏性和表面张力，当油渗入面粉内后，面粉颗粒被油脂包围，黏结在一起，因油脂的表面张力强，不易化开，所以油和面粉黏结只靠油脂微弱黏性维持，故不太紧密（比面粉与水结合松散得多），但经过反复揉擦，扩大了油脂颗粒与面粉颗粒的接触面，充分增强了油脂的黏性，使其粘连逐渐成为面团。

2. 油酥面团酥松的原理

（1）面粉颗粒被油脂颗粒包围、隔开，面粉颗粒之间的距离扩大，空隙中充满了空气。这些空气受热膨胀，使成品酥松。

（2）面粉颗粒吸不到水，不能膨润，在加热时更容易"碳化"变脆。

（3）酥皮面团的起酥原理则是在调制干油酥时，面粉颗粒被油脂包围，面粉中的蛋白质、淀粉被间隔，不能形成网状结构，质地松散，不易成形。而调制水油面时，由于加水调制使其形成了部分面筋网络，整个面团质地柔软，有筋力，延伸性强。这两种面团合在一起，形成一层皮面（水油面），一层油酥面（干油酥）。干油酥被水油面间隔，当制品生坯受热时，水分汽化，使层次中有一定空隙。同时，油脂受热也不粘连，便形成非常清晰的层次。这就是起酥的基本原理。

做一做

表5-1 考核要求

面团类型	制作内容	数量	规格	操作时间	评分标准
单酥面团	单酥面团	1块	500克面粉	2分钟	1. 操作规范、手法干净利索 2. 油粉混合均匀，不外溢，掺油准确 3. 手光、案板净

项目二 广 式 月 饼

1. 用料配方

低筋面粉 500 克，枧水 12.5 克，糖浆 375 克，花生油 150 克，吉士粉 25 克，莲蓉馅 1500 克，蛋黄 1 个。

2. 制作过程

(1)将面粉过筛，开窝。

(2)放入糖浆、枧水擦至完全混合后，放入花生油擦至完全混合，进粉擦至顺滑有韧性，静置 1 小时左右(也可放入冰箱里)，即成月饼皮。

(3)饼皮出体每个 25 克，馅出体 125 克。

(4)饼皮压扁，包入莲蓉呈圆球形，收口朝下放在月饼模具内，用手按平扣出，整齐地摆在烤盘中，表面喷水。

(5)以上火 220~190℃，烤 8~10 分钟，表面呈黄色，拿出。待稍凉冻，扫上蛋黄，放回烤炉中烤 6 分钟至金黄色，即可取出，放至完全凉冻，表面回油，便可装盒，成月饼。

3. 制作关键

(1)月饼的馅不能太稀，否则烤的时候会露馅。

(2)成型时月饼皮不能太厚，厚了会影响月饼皮薄的品质要求，也会导致烤后花纹不清晰。

(3)蛋液要稠度适当，刷子能拉开，薄薄的刷上两层，过稠会造成烘烤时着色过深，还会影响花纹的清晰度。

4. 成品特点

造型大方，花纹玲珑清晰，皮薄松软，色泽金黄油润，入口软滑香甜。

知识链接

广式月饼的特点

现在的广式月饼，既有历史悠久的传统产品，又有符合不同需要的创新产品，如低糖月饼、低脂月饼、水果月饼、海鲜月饼等，高、中、低档兼有，各取所需，

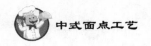

老少咸宜，越来越受到国内外食客的青睐。归纳起来，广式月饼大致有以下特点。

(1)用料特点。月饼馅料的选材十分广博，除用芋头、莲子、杏仁、榄仁、桃仁、芝麻等果实料外，还选用咸蛋黄、叉烧、烧鹅、冬菇、冰肉、糖冬瓜、虾米、桶饼、陈皮、柠檬叶等多达二三十种原料，近年又发展到用凤梨、榴莲、香蕉等水果，甚至还使用鲍鱼、鱼翅、瑶柱等较名贵的原料。

(2)成形特点。皮薄松软、油光闪闪、色泽金黄、造型美观、图案精致、花纹清晰、不易破碎、包装讲究。

(3)口感特点。口味有咸有甜，皮薄馅丰，滋润柔软，味美香醇。

面点熟制技艺——烤

1. 烤的定义

烤又称烘，是利用烘烤炉内产生的高温，通过辐射、传导、对流三种传热方式使面点成熟的一种方法。烤一般可分为明火烘烤和电热烘烤两种。电热烘烤箱大都装有温度显示器、调节器等，有的还有自动控制、报警等装置，操作起来十分方便。所以面点制品使用电热烘烤的方式更加普及，广泛用于蛋糕、面包、酥饼等品种的成熟。

2. 烘烤时的操作要领

(1)严格控制烤箱温度。烤箱温度的控制应根据不同制品要求灵活地运用，烤箱的预热温度一般比实际烤制温度高10~20℃，当生坯入箱后则要根据品种成熟的要求，调整温度。

(2)控制底、面温度。大多数烘烤品种，在成熟中都有个底火、面火的控制问题。因为成品的部位色泽要求不同，其受热要求也不同。一般面火高出底火10℃左右。

(3)掌握烘烤时间。面点种类千变万化，成熟时间差距很大。薄小的生坯，8~10分钟即可成熟；厚、大、带馅的则要15~30分钟才能成熟。烤制时间必须根据生坯品种来确定。

做一做

表5-2 考核要求

面团类型	考核内容	数量	规格	操作时间	评分标准
油酥面团	油酥面团	1块	500克面粉/块	10分钟	1. 操作规范、手法干净利索 2. 油粉混合均匀，不外溢，掺油准确 3. 手光、案板净

项目三　酥皮月饼

1. 用料配方

低筋粉 500 克，糖粉 150 克，蛋黄 100 克，黄奶油 250 克，吉士粉 50 克，莲蓉馅 300 克。

2. 制作过程

(1)面粉过筛备用。

(2)黄奶油、糖粉混合，擦至顺滑无颗粒。

(3)加入吉士粉、蛋黄分次加入，拌匀。

(4)进粉，用复叠手法制成面团，包好放入冰箱冻 30 分钟。

(5)酥皮出体每个 15 克，馅出体每个 35 克。

(6)酥皮压扁，包入莲蓉呈圆球形，收口朝下放在月饼模具内，用手按平扣出，整齐地摆在烤盘中，喷上水。

(7)以上火 170~190℃，烤约 15 分钟即可。

3. 制作关键

(1)牛油不宜过度擦至浮身。

(2)酥皮不能起筋。

(3)控制好烘烤的温度及时间。

4. 成品特点

色泽金黄，香松酥，牛油味浓郁。

-------- 知识链接 --------------------------------

包酥面团皮面知识

包酥面团又称酥皮面团，是由两块不同面团相互配合擀制而成的面团。一块是皮料，另一块是酥心。

1. 皮料的种类

皮面有水油面皮(由面粉、水和油调制而成)、酵面皮(用烫酵面团作皮，如

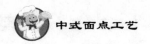

"黄桥烧饼"等)和蛋面皮(鸡蛋加水、油和面粉作皮,如鸡蛋酥)。其中,水油皮面是使用最广泛的皮面。

2. 水油面皮的定义

水油面皮是由面粉、水、油一般以 5∶2∶1 的比例揉制而成的面团。

3. 水油面的性能和作用

水油面既有水调面团的筋力、韧性和保持气体的能力(但能力比水调面团弱),又有油酥面团的润滑性、柔顺性和起酥松性(但松性不如干油酥)。它能与干油酥配合使用,形成层次,使皮坯具有良好的造型和包捏性能,并能使成品具有完美的形态和膨胀酥松的特点。

4. 水油面的调制操作要领

(1)正确掌握水、油的配料比例。一般情况下,面粉、水和油的比例为 5∶2∶1,即每 500 克面粉掺水 200 克、油 100 克,这个比例还应视品种要求而灵活掌握。例如,直酥制品的皮面掺水比例明显要高,500 克面粉加水量达到 280 克。油量的比例也是至关重要的,如果用油过多,影响分层,使成品过于散碎,容易漏馅;用油过少,成品则僵硬、坚实。检验方法是将手指插入面团内立即抽出,一看是否有油光,二看是否不粘手,达到这两个要求,说明用油量正好。

(2)反复揉搓,使面团上劲。面团要反复揉搓,揉匀搓透,否则,制成的成品容易产生裂缝。一般要揉上劲,天热时甚至要用冰水来增加筋性,或者用中筋面粉。

(3)防干裂。揉成面团后,上面要盖一层湿布,以防开裂、结皮。

做一做

表 5-3　考核要求

面团类型	考核内容	数量	规格	操作时间	评分标准
包酥面团	包酥面团	1 块	500 克面粉/块	10 分钟	1. 操作规范、手法干净利索 2. 油粉混合均匀,不外溢,掺油准确 3. 手光、案板净

项目四　鸡仔饼

1. 用料配方

面皮：面粉 500 克，麦芽糖 300 克，白糖 150 克，花生油 100 克，食粉 3 克，水适量。

馅料：猪肥膘肉 500 克，白糖 500 克，炒香花生 150 克，炒香白芝麻仁 50 克，熟面粉 150 克，南乳 15 克，味精 25 克，盐 15 克，蒜蓉 15 克，五香粉 5 克，食粉 5 克，高度酒适量。

2. 制作过程

(1) 面粉过筛，开窝。

(2) 加入白糖、食粉、麦芽糖、清水擦制，加入花生油拌匀、进粉，搓至面团光滑，静置 30 分钟。

(3) 猪肥膘肉用沸水汤过后，切粒，加入酒、白糖、酒拌匀稍腌制。

(4) 花生碾碎，白芝麻仁、盐、味精、南乳一起加入肥膘肉中拌匀，最后加入熟面粉、蒜蓉、五香粉拌匀腌制 1 小时即可。

(5) 面皮出体 10 克，包入 15 克馅心，收口后压扁。

(6) 刷蛋液，用上火 170~190℃ 烤 15 分钟，取出即可。

3. 制作关键

(1) 糖不宜擦至全溶。

(2) 掌握面皮、馅的比例。

(3) 掌握烘烤的时间与温度。

4. 成品特点

色泽金黄，微泄身，酥脆甘甜，味浓。

---------- 知识链接 ----------

包酥面团酥心知识

酥心就是干油酥，这类面团制成的品种质地酥松、体积膨大。

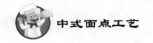

1. 干油酥的定义

干油酥就是面粉与猪油以一定比例擦制而成的面团。

2. 干油酥的性能和特点

干油酥面粉和油脂以 2∶1 的比例擦制而成。由于不加任何辅料和水，所以干油酥松散软滑，丝毫没有韧性、弹性和延伸性，但具有一定的可塑性和酥性。干油酥虽不能单独制成面点，但可与水油面合作使用，使其层层间隔，互不粘连，起酥发松成熟后体积膨松形成层次。

3. 干油酥调制的操作要领

（1）掌握配料比例。面粉和油脂的比例一般为 2∶1，即每 500 克面粉中放 250 克油，一般用猪油或素油，当然根据具体情况会有所调整，如冬天可以适当增加猪油用量，夏天可以适当减少。

（2）合理选料。首先选择合适的油脂。调制干油酥时，一定要用凉油，否则黏结不起酥，制品容易脱壳。调制所用的油脂，以猪油为好，用同量的猪油和植物油，则猪油润滑面积比较大，制成的成品则更酥一些，色泽也更好。其次是正确选用面粉，面粉使用前最好过筛。调制油酥面一般用筋力较小的粉，不易形成面筋质，起酥效果较好。

（3）掌握干油酥的软硬度，擦匀、擦透。干油酥的软硬应与水油面软硬度基本一致，否则，一硬一软，将影响酥层。例如，水油面太软，干油酥太硬，擀制时不易擀均匀，影响层次；水油面太硬，干油酥太软，擀制时会产生破酥现象，同样影响层次与成品质量。干油酥擦透、擦顺，使其增加油滑性和黏性。猪油常温下会凝固变硬，所以使用前要再次擦透，使其回软。

做一做

表5-4 考核要求

面团类型	考核内容	数量	规格	操作时间	评分标准
包酥面团	鸡仔饼	10 张	500 克面粉	30 分钟	1. 掌握面皮、馅的比例 2. 掌握烘烤的时间与温度

项目五　菊　花　酥

1. 用料配方

干油酥原料：精面粉 200 克、熟猪油 100 克。

水油皮原料：精面粉 300 克、熟猪油 75 克、温水 145 克。

馅：莲蓉 300 克，红朱古力针 20 克。

2. 制作过程

(1) 200 克面粉过筛，放案板上加入猪油，用掌跟推擦成干油酥。

(2) 300 克面粉过筛，放案板上开窝，加水拌成雪花状后，加入猪油，揉成水油酥。

(3) 干油酥、水油酥分别搓条、揪剂。

(4) 将水油酥剂压扁包入干油酥，用面杖擀成长形薄片折四折，重复一次，擀成圆皮。

(5) 包入莲蓉馅，收口成球形，用"U"形刀在顶端戳一个孔，以孔为圆心，每隔 0.2 厘米向下斜着划开至接近底部成菊花生坯。

(6) 将生坯入四成热油锅内炸制，炸至花瓣硬时捞出，放入 140℃烤炉内烘烤 3~4 分钟取出，在花心上放上红色朱古力针。

3. 制作关键

(1) 油酥面团和水油面团要揉匀饧透，软硬度基本接近。

(2) 擀酥是力度要一致。

(3) 花瓣要划透。

(4) 入锅时，油温不宜过高。

4. 成品特点

色泽乳白，花瓣清晰，形态逼真。

-------- 知识链接 --------------------------------------

起　酥　工　艺

1. 起酥的定义

起酥又称开酥、包酥等，是将干油酥包入水油皮内，经擀薄、折叠形成层次的

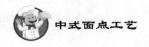

过程。

2. 关于大包酥和小包酥

大包酥又称大酥，用的面团较大，一次可做几十个剂坯。特点是制作速度快、层次多、效率高，适合于一般油酥的大批量生产。一般情况下，成品质量没有小包酥好。

小包酥又称小酥，用的面团较少，一般一次只能制一至几个剂坯。特点是酥层均匀，面皮光滑，不易破裂，适合制作精美的品种，但制作速度慢、效率低。

3. 起酥的操作要领

(1)水油面与干油酥的软硬一致，比例适当，如水油酥面过多，成品坚实，酥层不清，会影响酥松。油酥过多，不仅擀制时容易发生破皮现象，而且会出现漏馅、成型困难、成熟时易碎等问题。两者比例一般是 3：2 或者 4：3 较好，一般应根据成熟方法、品种要求确定水油面与干油酥的比例。例如，成品是用烘烤成熟的，水油面与干油酥的比例为 4：3；在油中余炸成熟的，水油面与干油酥比例则为 3：2。

(2)将干油酥包入水油面中，挤出皮面里的空气，酥心居中，注意水油面皮子四周厚要薄均匀，以免在擀制时酥层的厚薄不均匀。

(3)擀皮起酥时，两手用力均匀，向前用力，轻重适当，使皮子的厚薄一致，如用力过重，会使油酥压向一面，或使水油面与油酥黏结在一起而影响分层起酥。同时要灵活掌握起酥方法，3、2 折叠或者 3、3、2 折叠要根据制品而定。

(4)擀皮起酥时，尽量少用生粉，卷圆筒时要尽量卷紧，否则酥层间不易黏结，容易造成脱壳。

(5)擀皮时速度要快，手脚麻利，用力果断，避免过多重复多余的动作，尤其在冬季，面团在擀制时易发硬，擀制不当，成品层次会受到影响。在擀皮时要避免风吹，以免结皮。

(6)切剂时，刀要锋利，下刀利索，防止层次粘连。切好的坯子应盖上一块干净湿布或保鲜膜，防止外表皮子起壳而影响成型，切好的剂子尽快包捏成型。

做一做

表 5-5　考核要求

面团类型	考核内容	数量	规格	操作时间	评分标准
包酥面团	菊花酥	10 个	500 克面粉	30 分钟	1. 油酥面团和水油面团要揉匀饧透，软硬度基本接近 2. 擀酥时力度要一致 3. 花瓣要划透

项目六　眉 毛 酥

1. 用料配方

干油酥原料：低筋粉 250 克，起酥油 125 克。

水油皮原料：中筋面粉 250 克，浓缩橙汁 10 克，吉士粉 20 克，鸡蛋一只，清水 125 克。

馅：豆沙馅 200 克。

2. 制作过程

（1）调制干油酥。

250 克面粉过筛，放案板上加入 125 克起酥油，用掌跟推擦均匀即成干油酥。

（2）调制水油面。

① 250 克面粉、吉士粉过筛，放案板上开窝，加水、橙汁、鸡蛋抄拌成雪花状后，揉搓成面团。

② 将面团摔打至滋润，即成水油面。

（3）起酥。

① 将水油面压成圆饼状。

② 将干油酥放入水油面圆饼上。

③ 收严挤口。

④ 将圆球压扁，用走槌擀成长方形薄片。

⑤ 将长方形薄片折叠成三层。

⑥ 再擀成长方形薄片后，折叠成三层。

⑦ 再擀成长方形薄片后，由外向内卷起，成圆柱状。

⑧ 用保鲜膜卷包好放入冰箱冻至稍硬。

（4）成形。

① 豆沙馅分成 15 克的剂子。

② 用刀将冻好的圆柱切成小剂子。

③ 用擀面杖敲打小剂子后，擀成圆皮。

④ 放入豆沙馅，对折成半圆形捏紧边缘。

⑤ 把边缘一个压一个，捏呈绞绳形花边，即成眉毛酥生坯。

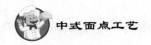

（5）成熟。

① 起锅倒入油，烧至100℃左右时，将生坯下油锅。

② 炸至眉毛酥浮起、酥层分明时，略提高油温。

③ 炸呈浅黄色，即可捞出。

3. 制作关键

（1）擀成长方形时，四角要整齐，以便折叠。

（2）擀层酥皮时要厚薄均匀，卷坯时要卷紧、整齐。

（3）切剂时，刀刃应锋利保证截面的平整。

（4）炸时油温要恰当，每次不宜过多，排放不宜太紧，以防炸时粘连破碎。

4. 成品特点

形如秀眉，色泽淡黄，酥层清晰，质地酥松，口味香甜。

知识链接

明 酥 知 识

1. 明酥的定义

凡成品酥层外露，表面能看见非常整齐均匀的酥层，都是明酥，如眉毛酥、荷花酥、葫芦酥等。

2. 明酥的表现形式

酥层的形式因起酥方法（卷、叠和排）的不同而不同，一般酥层有圆酥和直酥两种。呈螺旋状及直线状态的两种。前者叫圆酥，后者叫直酥。

（1）圆酥。酥层呈螺旋状态的是圆酥，利用折叠和卷酥制作而成。用圆酥来制作明酥制品，起酥卷时一般要卷得粗一些，剂子要切得短一些，这样可使制品表面层次多而清晰，使成品更加美观。

（2）直酥。酥层呈直线状态的是直酥，利用折叠或排酥的方法而成。这样的起酥方法一般制作立体的油酥造型，对酥层要求高。具体的操作方法见葫芦酥、荷花酥等制品的制作。

3. 明酥制品的操作要领

明酥制品的质量要求较高，除油酥制品的一般要求外，特别要求表面要酥层清晰，层次均匀，因此操作时要注意以下几点。

（1）圆酥的操作要领。

① 卷时要卷紧，可适当喷点水，接口处抹蛋清。不然在成熟时易飞酥。

② 用刀切剂时，下刀要利落，以防相互粘连。宜推刀切不能锯切。

③ 按皮时要按正，擀时用力要适当、均匀，螺旋纹不偏移。

122

④ 包馅时将层次清晰的一面朝外，如用两张面皮时，可用起酥好的一张做外皮。

（2）直酥的操作要领。

① 起酥擀长方形薄片时，用力要均匀，厚薄要一致，形态规则。

② 切条以速度快为好，且要求宽度相等，均匀一致。

③ 坯皮刷蛋清不能多，否则会使酥层黏结影响制品效果。

做一做

表 5-6　考核要求

面团类型	考核内容	数量	规格	操作时间	评分标准
包酥面团	眉毛酥	10 个	500 克面粉	30 分钟	1. 擀成长方形时，四角要整齐 2. 擀层酥皮时要厚薄均匀，卷坯时要卷紧、整齐 3. 切剂时，刀刃应锋利，保证截面的平整 4. 炸时油温要恰当，每次不宜过多，排放不宜太紧，以防炸时粘连破碎

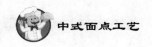

项目七　荷 花 酥

1．用料配方

水油皮原料：面粉 300 克，起酥油 20 克，水 180 克。

干油酥原料：面粉 200 克，起酥油 100 克。

馅：豆沙馅 250 克。

2．制作过程

（1）调制干油酥。

① 面粉过筛放案台上。

② 加入起酥油擦搓均匀，要擦匀擦透。

（2）调制水油面。

① 面粉过筛，开窝。

② 加入面粉、起酥油、水调和均匀。

③ 搓擦、摔打成柔软有筋力、光滑而不粘手的面团。

（3）开酥。

① 将水油面团与干油酥分别揿成相同个数的剂子。

② 用水油面逐个包裹住干油酥。

③ 擀成长方形片。

④ 卷成筒状。

⑤ 折叠三层。

⑥ 按成扁形剂子。

（4）成形。

① 将按扁的面剂擀成直径约 5 厘米的圆皮。

② 包入 15 克豆沙馅。

③ 收口呈圆球形。

④ 放入冰箱略冻。

⑤ 取出后，用刀片在顶部切出三刀六瓣的生坯。

（5）熟制。

① 锅内注油，油烧至 100℃ 左右，将生坯放入油锅。

② 待花瓣微微张开时逐步升温。

③ 炸至花瓣全部张开、挺直，色泽洁白，出锅控油。

3. 制作关键

(1)油酥面团和水油面团要揉匀饧透，软硬度基本接近。

(2)开酥时手的用力要均匀。

(3)成型时要注意手法技巧。

(4)控制好油的温度，太高酥层起不来，太低易吸油松散。

4. 成品特点

形似荷花，酥甜适口，层次分明，色泽洁白。

-------- 知识链接 --------

成熟技艺——炸

1. 炸的定义

炸又称油炸，是将成型的面点生坯投入到一定油温的锅中，以油为传热介质的一种成熟方法。炸制品具有色泽亮，口味香、松、酥、脆等特点。炸的使用很广泛，主要用于各种油酥面团、化学膨松面团及米粉面团制品等。

2. 炸的操作要领

炸的熟制技术难度相对高，危险性较大，若操作时稍有不慎，后果不堪设想。因此在操作时，注意力要集中，操作时要胆大心细，严格遵守以下操作要领，避免发生意外，保证炸制品的质量。

(1)掌握好火候，火力不宜过旺。在炸制面点时，要根据成品的要求适当控制火候，油脂受热后，温度升高很快，操作时切不可火力太旺，如火过大，油温升得太高，就很难下降，会造成制品的焦化。因此对于初学者，油温不够时，可以适当延长加热时间。一般情况下可以先稍大火力，待油温升至所需温度时，将火力转小。

(2)控制油温，按制品需要选择。不同的制品炸制生坯时温度不一样，有的110℃左右即可下锅，如明酥制品的炸制；有的要都把油加热到150℃以上，如开口笑；有的要到200℃左右才下生坯，如油条。对于油温要求高的制品，下锅后制品的外壳能迅速凝结，形成香、松、酥、脆的风味。如下锅时油温过低，会使制品色泽发白，软而不脆，并且会延长成熟时间，使成品僵硬不松，影响口感和口味。因此油温的运用要根据品种的不同区别对待。

(3)控制油量。炸制法要求油量多，制品不但要全部浸没在油中，而且还要求制品在油中有较大的活动余地。一般情况下，油量与生坯的比例为6∶1左右，同

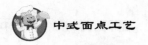

时还要考虑锅的种类，平底锅还是普通铁锅要根据制品需要决定。

（4）适当掌握加热时间，准确判断制品成熟度。炸制面点的时间长短对制品的质量影响较大，时间不够，制品半生不熟，时间过长，口感粗老，可能焦糊。为了保证成品的质量，必须根据品种形状的特点、油量的多少、火力的大小、油温的高低，恰当掌握加热时间。只有充分掌握了各方面因素，才能使成熟恰到好处。

（5）用油清洁。用于炸制的油脂必须清洁无杂质，如油脂不清，会影响热的传导，并污染生坯，影响成品的色泽和质量。例如，层明酥制品要求色泽洁白，酥层清晰，如果是含有杂质的老油，就很难达到制品要求。另外，油经过高温反复加热后，内部会产生一系列的变化，各种营养物质遭到极大的破坏，甚至会产生大量的致癌物质。如长期食用这些油炸食品，会对身体产生严重危害。因此，炸油不能反复使用。

做一做

表 5-7　考核要求

面团类型	考核内容	数量	规格	操作时间	评分标准
包酥面团	荷花酥	10 个	500 克面粉	30 分钟	1. 油酥面团和水油面团要揉匀饧透，软硬度基本接近 2. 开酥时手的用力要均匀 3. 成型时要注意手法技巧 4. 控制好油的温度，太高酥层起不来，太低易吸油松散

项目八 葫芦酥

1. 用料配方

干油酥：起酥油 250 克，低筋粉 250 克。

水油面：低筋面粉 200 克，高筋粉 150 克，糖 50 克，鸡蛋 1 只，浓缩橙汁 15 克，水 200 克。

馅料：莲蓉馅 200 克。

2. 制作过程

(1)调制干油酥。

① 面粉过筛放案台上。

② 加入起酥油用掌跟推擦均匀，要擦匀擦透，放入冰箱冻 30 分钟。

(2)调制水油面。

① 面粉过筛，开窝。

② 加入水、糖、鸡蛋、橙汁和均匀。

③ 搓擦、摔打成柔软有筋力、光滑而不粘手的面团，放入冰箱冻 15 分钟。

(3)起酥。

① 取出水油面，擀开，是干油酥的一倍大。

② 干油酥放在水油面 1/2 处，水油面对折将干油酥包裹，捏紧边缘。

③ 用走槌敲打面皮至适宜的厚度时，擀开成长方形面片。

④ 将面皮折四折，再擀成长方形面片。

⑤ 将面片再折四折，擀开成 0.5cm 厚的长方形片。

⑥ 刷上适量的蛋清(喷上水)，分割成宽为 7cm 的面片。

⑦ 将第一片面片翻面叠在第二片面片上，再依次叠起厚约 7cm(11~12 片面片)，用刀拍紧实，即成酥皮。

⑧ 用保鲜膜包好放入冰柜冻至稍硬。

(4)成形。

① 将酥皮取出，切成 0.5~0.6cm 的片，排开。

② 将保鲜膜垫在案台，酥皮片粘上少许干面粉，用面杖擀成长方形薄片。

③ 将长方形面片切成所需的梯形。

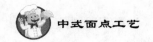

④ 在无层次的一面刷上蛋液，包入馅心两端收口收紧，用骨针在 1/3 处压出纹路，绑上沾过蛋液的紫菜，顶部涂上蛋液稍捏，底部涂上蛋液后粘上白芝麻仁，即成生坯。

⑤ 将生坯放入 100℃的油温炸制，待酥纹现出时逐步升温。

⑥ 炸至成熟，捞出控油。

3. 制作关键

(1)擀面皮时撒些干面粉，可防止粘黏。

(2)擀制面皮时要厚薄均匀。

(3)刷蛋清不能多，否则会使酥层黏结影响制品效果。

(4)控制好油的温度。

4. 成品特点

形似葫芦，层次分明，酥甜适口。

知识链接

擘 酥 工 艺

1. 擘酥的定义

擘酥是广式面点最常用的一种油酥面团，由黄油掺面粉调制的干油酥或者直接用整块速冻的起酥油做酥心和水、糖、蛋等掺面粉调制的水油皮面通过叠酥手法制作而成。

2. 擘酥起酥原理

擘酥使用油量较多，多为硬性脂肪油。经冷冻后冻结成微细的脂肪球，分布在面粉颗粒周围，加热时渗入面粉颗粒内，阻止面粉颗粒相互间粘连，而且面粉颗粒之间也形成无数微细的空隙，从而加热后起酥层。

3. 擘酥制作操作要领

(1)水油皮面的软硬度跟起酥油保持一致，水油皮面要有筋力和韧性。

(2)操作要迅速，不然油酥易溶化，粘案板又粘走槌(夏天操作此皮更为困难)，可以每次擀开折一次放入冰箱，继续折三次便成。起酥性好，入口松化，擀完不易干皮。

(3)操作时落槌要轻，开酥手力均匀。

(4)入冰箱时都必须封上保鲜膜，以免干皮。

做一做

表 5-8　考核要求

面团类型	考核内容	数量	规格	操作时间	评分标准
擘酥	擘酥面团	1 块	500 克面粉	10 分钟	1. 操作规范、手法干净利索 2. 油粉混合均匀，不外溢，掺油准确 3. 手光、案板净

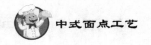

项目九　木　瓜　酥

1. 用料配方

干油酥：起酥油 250 克，低筋粉 250 克。

水油面：低筋面粉 200 克，高筋粉 150 克，糖 50 克，鸡蛋 1 只，橙汁 15 克，胡萝卜汁 200 克。

馅料：木瓜馅 200 克。

2. 制作过程

(1)调制干油酥。

① 面粉过筛放案台上。

② 加入起酥油用掌跟推擦均匀，要擦匀擦透，放入冰箱冻 30 分钟。

(2)调制水油面。

① 面粉过筛，开窝。

② 加入胡萝卜汁、糖、鸡蛋、橙汁和均匀。

③ 搓擦、摔打成柔软有筋力、光滑而不粘手的面团，放入冰箱冻 15 分钟。

(3)起酥。

① 取出水油面，擀开，是干油酥的一倍大。

② 干油酥放在水油面 1/2 处，水油面对折将干油酥包裹，捏紧边缘。

③ 用走槌敲打面皮至适宜的厚度时，擀开成长方形面片。

④ 将面皮折四折，再擀成长方形面片。

⑤ 将面片再折四折，擀开成 0.5cm 厚的长方形片。

⑥ 刷上适量的蛋清(喷上水)，分割成宽为 7cm 的面片。

⑦ 将第一片面片翻面叠在第二片面片上，再依次叠起厚约 7cm(11～12 片面片)，用刀拍紧实，即成酥皮。

⑧ 用保鲜膜包好放入冰柜冻至稍硬。

(4)成形。

① 将酥皮取出，切成 0.5cm 的片，排开。

② 将保鲜膜垫在案台，酥皮片粘上少许干面粉，用面杖擀成长方形薄片。

③ 在无层次的一面刷上蛋液，包入馅心两端收口用虎口收紧，用刮刀将收口

处压薄，把边缘一个压一个，捏呈绞绳形花边，整形。即成生坯。

（5）成熟。

① 将生坯放入100℃的油温炸制，待酥纹现出时逐步升温。

② 炸至成熟，捞出控油。

3. 制作关键

（1）擀皮时手的用力要均匀。

（2）成型时要注意手法技巧。

（3）控制好油温，太高酥层起不来，太低易吸油松散。

4. 成品特点

层次清晰，酥松清香，造型美观。

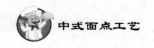

项目十 梅 花 酥

1. 用料配方

水油皮：精面粉 300 克，水 150 克，熟猪油 75 克。

干油酥：低筋粉 200 克，猪油 100 克。

豆沙馅 150 克，蛋清 25 克。

2. 制作过程

（1）调制干油酥面。

① 面粉过筛放在案板上。

② 加入猪油，用掌跟推擦至顺滑、无颗粒。

③ 整形成长方形，用保鲜膜包好，放入冰箱冻 15 分钟。

（2）调制水油面团。

① 面粉过筛放在案板上开窝，加入水拌成雪花状后，加入猪油，揉搓成光滑、有筋力的面团。

② 整形成长方形，用保鲜膜包好，放入冰箱冻 30 分钟。

（3）起酥。

① 取出水油面，擀开，是干油酥的一倍大。

② 干油酥放在水油面 1/2 处，水油面对折将干油酥包裹，捏紧边缘。

③ 用走槌敲打面皮至适宜的厚度时，擀开成长方形面片。

④ 将面皮折四折，再擀成长方形面片。

⑤ 将面片再折四折，擀开成 0.5cm 厚的长方形片。

⑥ 用直径为 7cm 的刻模刻出圆皮。

（4）成形。

① 圆皮中间放入馅，均匀分成六等份，中间合拢，合拢处抹上蛋液，捏梅花瓣状。

② 用剪刀把上面剪平，再在每一瓣自上而下平剪一下，分别将剪出的六瓣向上翻起粘在中间，即成梅花生坯。

（5）成熟。

① 将生坯放入 100℃ 的油温炸制，待酥纹现出时逐步升温。

② 炸至成熟，捞出控油。

3．制作关键

(1)擀皮时力度要均匀。

(2)包捏成形时注意手法及技巧。

(3)控制好油温，太高酥层起不来，太低易吸油松散。

4．成品特点

层次清晰，色泽洁白，造型美观。

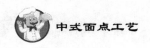

项目十一　萝卜酥

1. 用料配方

干油酥：起酥油 250 克，低筋粉 250 克。

水油面：低筋面粉 200 克，高筋粉 150 克，糖 50 克，鸡蛋 1 只，浓缩橙汁 15 克，水 200 克。

馅料：豆沙馅 200 克。

2. 制作过程

(1)调制干油酥。

① 面粉过筛放案台上。

② 加入起酥油用掌跟推擦均匀，要擦匀擦透，放入冰箱冻 15 分钟。

(2)调制水油面。

① 面粉过筛，开窝。

② 加入水、糖、鸡蛋、橙汁和均匀。

③ 搓擦、摔打成柔软有筋力、光滑而不粘手的面团，放入冰箱，冻 30 分钟。

(3)起酥。

① 取出水油面，擀开，是干油酥的一倍大。

② 干油酥放在水油面 1/2 处，水油面对折将干油酥包裹，捏紧边缘。

③ 用走槌敲打面皮至适宜的厚度时，擀开成长方形面片。

④ 将面皮折四折，再擀成长方形面片。

⑤ 将面片再折四折，擀开成 0.5cm 厚的长方形片。

⑥ 刷上适量的蛋清(喷上水)，分割成宽为 7cm 的面片。

⑦ 将第一片面片翻面叠在第二片面片上，再依次叠起厚约 7cm(11～12 片面片)，用刀拍紧实，即成酥皮。

⑧ 用保鲜膜包好放入冰箱冻至稍硬。

(4)成形。

① 将酥皮取出，切成 0.5cm 的片，排开。

② 将保鲜膜垫在案台，酥皮片粘上少许干面粉，用面杖擀成正方形薄片。

③ 包入馅心，一端收紧口并向里压凹，另一端留一小口，塞入一头粗，一头

尖的细面条，再收口，抹上蛋清，即成萝卜生坯。

（5）成熟。

① 将生坯放入100℃的油温炸制，待酥纹现出时逐步升温。

② 炸至成熟，捞出控油。

（6）装盘。

用法香点缀。

3．制作关键

（1）擀皮时力度要均匀。

（2）注意成形手法及技巧。

（3）控制好油温。

4．成品特点

形似萝卜，层次清晰，酥松香甜。

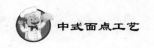

项目十二 木桶酥

1. 用料配方

干油酥：起酥油 250 克，低筋粉 250 克。

水油面：低筋面粉 200 克，高筋粉 150 克，糖 50 克，鸡蛋 1 只，浓缩橙汁 15克，水 200 克。

馅料：豆沙馅 200 克。

2. 制作过程

(1)调制干油酥。

① 面粉过筛放案台上。

② 加入起酥油用掌跟推擦均匀，要擦匀擦透，放入冰箱冻 15 分钟。

(2)调制水油面。

① 面粉过筛，开窝。

② 加入水、糖、鸡蛋、橙汁和均匀。

③ 搓擦、摔打成柔软有筋力、光滑而不粘手的面团，放入冰箱冻 30 分钟。

(3)起酥。

① 取出水油面，擀开，是干油酥的一倍大。

② 干油酥放在水油面 1/2 处，水油面对折将干油酥包裹，捏紧边缘。

③ 用走槌敲打面皮至适宜的厚度时，擀开成长方形面片。

④ 将面皮折四折，再擀成长方形面片。

⑤ 将面片再折四折，擀开成 0.5cm 厚的长方形片。

⑥ 刷上适量的蛋清(喷上水)，分割成宽为 7cm 的面片。

⑦ 将第一片面片翻面叠在第二片面片上，再依次叠起厚约 7cm(11~12 片面片)，用刀拍紧实，即成酥皮。

⑧ 用保鲜膜包好放入冰柜冻至稍硬。

(4)成形。

① 将酥皮取出，切成 0.5cm 的片，排开。

② 将保鲜膜垫在案台，酥皮片粘上少许干面粉，用面杖擀成长方形薄片。

③ 将擀好酥皮修正成长 8cm、宽 5cm 的长形酥皮，用其包裹圆形模具，在接

口处刷上蛋清，粘好接口，在两端绑上沾有蛋液的紫菜，即成生坯。

（5）成熟。

生坯入油锅炸至层次分明，成熟即可。

3．制作关键

（1）酥皮包模具时不能太紧，否则不易脱模。

（2）紫菜涂蛋清后要绑紧，接缝处重叠一段。

（3）要趁热脱模，防止冷却伸缩难脱，影响制品的质量。

4．成品特点

形似木桶，层次分明，赏心悦目，诱人食欲。

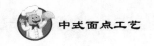

项目十三 绣 球 酥

1. 用料配方

干油酥：起酥油 250 克，低筋粉 250 克。

水油面：低筋面粉 200 克，高筋粉 150 克，糖 50 克，鸡蛋 1 只，浓缩橙汁 15 克，水 200 克。

馅料：豆沙馅 200 克。

2. 制作过程

(1)调制干油酥。

① 面粉过筛放案台上。

② 加入起酥油用掌跟推擦均匀，要擦匀擦透，放入冰箱冻 15 分钟。

(2)调制水油面。

① 面粉过筛，开窝。

② 加入水、糖、鸡蛋、橙汁、绿茶粉和均匀。

③ 搓擦、摔打成柔软有筋力、光滑而不粘手的面团，放入冰箱冻 30 分钟，即成绿色水油面团。

④ 红色水油面团调制同绿色水油面团。

(3)起酥。

① 取出绿色水油面团，擀开，是干油酥的一倍大。

② 干油酥放在水油面 1/2 处，水油面对折将干油酥包裹，捏紧边缘。

③ 用走槌敲打面皮至适宜的厚度时，擀开成长方形面片。

④ 将面皮折四折，再擀成长方形面片。

⑤ 将面片再折四折，擀开成 0.5cm 厚的长方形片。

⑥ 刷上适量的蛋清(喷上水)，分割成宽为 7cm 的面片。

⑦ 将第一片面片翻面叠在第二片面片上，再依次叠起厚约 7cm(11~12 片面片)，用刀拍紧实，即成绿色酥皮。

⑧ 用保鲜膜包好放入冰柜冻至稍硬。

⑨ 红色酥皮起酥过程同绿色酥皮起酥过程。

(4)成形。

① 取出起酥好的红、绿酥皮顺纹切成长 10cm，宽 0.6cm 的小条。

② 取 9 根红色面条，将偶数红色面条向左翻开，放入一根绿色面条后，再将奇数红色面条翻开，在一根绿色面条。如此反复上述操作，至编成 7 厘米的正方形面皮。

③ 无层次那面朝上，刷上蛋液，包入馅心，收口成球状，即成绣球生坯。

（5）成熟。

生坯入油锅炸至层次分明，成熟即可。

3．制作关键

（1）切出的条宽窄一致。

（2）编酥速度要快，以免结皮干燥。

（3）编酥不宜太紧，不利于酥层张开。

（4）控制好油的温度。

4．成品特点

形似绣球，层次分明，酥松香甜。

知识链接

面点创新的思路

1．生活素材是创新思路的源泉

伟大的发明创造都来源于人们的生活和工作，实际生活中的创新素材无处不在，很多东西都可成为面点作品的造型素材，如南瓜、茄子、马蹄、海螺、热带鱼、金鱼、虾、乌龟、天鹅、燕子、蝴蝶，以及生活器具，如茶壶、水桶、酒坛、草帽、皮包等。当然不是所有的素材都可以选用，否则会走不少弯路，消耗大量的精力而收效甚微。一般选择素材有两个原则：一是简洁自然、线条流畅，便于提高工作效率；二是素材的选择还要注意选择人们喜闻乐见的，并带有一定寓意的形象造型。

2．传统品种是创新思路的基石

面点创新既不能单一模仿、品种克隆、复制再造，但也不能彻底抛弃传统面点的制作方法，而是在继承和发扬传统的基础上采用新设想、新举措，取得新突破、新成果，达到创新的实质性意义。例如，澄粉掺杂粮的造型品种就是在苏州船点的基础上改良而成的，苏州船点工艺精细、造型别致、色彩鲜艳、形态逼真，但已经不适用日益加快的生活节奏，这样好的传统品种不能彻底废掉，因此，必须要合理创新改良。首先是原料的选择，将五谷杂粮与糯米粉按一定比例掺和，既有米粉制品的糯性又有杂粮的清香和营养，唯一遗憾的就是船点原来的透明性、通透性效果差了点。其次是颜色的调配，强调使用植物提取的天然色素，即可保持食品的安全卫生同时又增添了面点制品的风味。例如，黄色就是在糯米粉里掺熟玉米粉，紫色

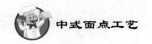

就是在糯米粉里面掺熟紫薯粉，绿色都是从蔬菜叶子中提取等，根据合适的比例搭配达到理想的色泽效果。最后就是馅心的变化，由于糯米制品加上甜馅容易让人吃口腻，因此可以改良成咸馅。

3. 追新求异是创新思路的催化剂

时下，餐饮市场上出现了一类名为"FUSION"的新生菜点。"FUSION"意为融合，即指各类别、各派别的菜肴、点心各取自身优点、特性相互融合，最终创新出新的"结合体"，以其独特的外形、色泽、口味来触动食客的视觉，挑战食客的味蕾。面点创新求异是创新思路的催化剂，其创新可以从原材料和造型两方面入手。面团的"移花接木"。面点中常用的面皮有四种，即水调面团、膨松面团、油酥面团、米和米粉面团，每种面团都有其特性，如膨松面团质地柔软，油酥面团松化酥脆等。传统的做法是造型与原料较为固定，在创新实践中，可以将同一造型的面点分别制成米粉油炸制品、发酵制品和明酥制品。造型的大胆变化。例如，麻团是最能体现面点基本功的制品，由于油温较难控制，制作过程中会导致出现麻团坯皮裂开、爆炸的情况。只要大胆实践，便能摸索出便利的操作方法：在油炸时，只要把制品整齐、间隔有序的放置在专用的炸制吊篮中，托起半成品在油中炸制，待制品浮起来后，撤走吊篮，跟麻团一样炸制就行了。这样不仅保证了制品的均匀受热，而且不会相互粘连变形。

做一做

表 5-9　考核要求

面团类型	考核内容	操作时间	规格数量	准备工作	评分标准
油酥面团	绣球酥	30分钟	10个	500克面粉	1. 切出的条宽窄一致 2. 编酥速度要快，以免结皮干燥 3. 编酥不宜太紧，不利于酥层张开 4. 控制好油的温度

米类及其他面团制品

 模块导读

　　米及米粉类制品是指以稻米、稻米碾磨成的粉为主要原料，以糖、油、蜜饯、肉类、鱼虾、果品等辅料和馅料，经加工制作而成的食品。其种类繁多，主要有粥、饭、糕、团、粽等品种。其中米类制品包括粥、饭、粽、米团、米糕，米粉类制品根据调制方式的不同，可以大致分为三种：米粉糕类制品、米粉团类制品和发酵米粉制品。

　　以米、米粉制作食品，主要流行于我国南部各省。特别是江浙一带的米、米粉制品制作精巧，品种丰富多彩，仅苏州、无锡的糕点品种就有二百多种，苏州黄天源糕团店、无锡穆桂英小吃店制作的各类集食用性与艺术性于一体的糕点制品，堪称米类、米粉制品中的精品。随着点心制作技术的发展和交流，米和米类制品将得到不断传承、发展和普及，并成为餐桌上的常见食品。

 内容描述

　　本模块的学习内容包括米粥、米饭、米糕类、米团类与米粽类的传统基础制品，以及在此基础上的创新拓展制品，通过本模块的学习，可以掌握米及米粉类制品的制作手法与技巧以及米与米粉类制品所需要的理论知识，顺利通过中级面点师米及米粉类模块的应知应会考核，培养厨房生产的核心能力。同时通过创新品种的启发，拓展创新思维，提高创新能力，为更高要求的技能考核以及职业岗位的对接夯实基础。

 学习目标

1. 了解米粉面团的形成原理及特点。
2. 掌握米及米粉面团的调制方法及调制技巧。
3. 熟练掌握中级工考核要求的米粉类制品制作。
4. 通过创新拓展制品的选学，触类旁通，培养一定的创新思维和能力。
学习时间：建议 36 课时。

项目一　米　粥

1. 用料配方

粳米或者糯米 1 千克，清水 6 千克。

2. 制作过程

(1) 将米淘洗干净，放入锅内。

(2) 用旺火煮沸后改用文火慢煮，使米粒完全胀开成半流质糊状，再焖约 30 分钟即成。

3. 制作关键

(1) 米粥稠稀适宜，不能过稠，也不能过稀。

(2) 煮出的米粥应该有粥香味。

4. 成品特点

米粒充分膨胀，汤汁浓稠。

米粥是以大米为主制作而成的(也有用小米制成的)，它是用较大量的水加入米中，煮制米粒充分膨胀，汤汁浓稠成半流质的食品。米粥一般分为普通粥和花色粥两类。

(1) 普通粥。普通粥以粳米或者糯米加水制作而成。制作方法：将米淘洗干净，放入锅内，1 千克米加水 6 千克左右，用旺火煮沸后改用文火慢煮，使米粒完全胀开成半流质糊状，再焖约 30 分钟即成。米粥稠稀适宜，不能过稠，也不能过稀，煮出的米粥应该有粥香味。

(2) 花色粥。花色粥品种繁多，咸、甜均可，配料丰富多彩。花色粥一般以加入的主料或者主要配料命名，如小米粥、南瓜粥、赤豆粥、皮蛋瘦肉粥等。花色粥制作的方法有两种：一种是将配料与米同时加水焖煮；另一种就是先煮干硬不易成熟的，再煮容易成熟的。

---------- 知识链接 ----------

腊　八　粥

农历十二月(古称腊月)初八日，是汉族的传统节日，有吃"腊八粥"的习俗。

在汉代，以冬至后第三个戊日为"腊日"，南北朝时改为十二月初八日，谓之"腊八节"。人们在这天进行祭祀活动，祈求丰收和吉祥。腊八节这天也是佛教节日——"成道节"。佛门弟子于腊八节举行诵经活动，并用干果、杂粮煮成"腊八粥"。后来民间争相仿效，合家聚食，还馈送亲友邻里。今北方绝大部分地区和江南部分地区，特别是洞庭湖南部地区仍保留着过腊八节、吃"腊八粥"的习俗。虽然原料上有些变化，但其营养健身的理念越来越深入人心。

腊八粥的做法是用红小豆、胡桃、松子、柿、粟、黄米、糯米、小米、菱角米、去皮枣泥等和水煮熟，外加桃仁、杏仁、瓜子、花生及白糖、红糖等。腊八粥的食材因地制宜，煮腊八粥，看起来好像是在处理饮食问题，其实在制作腊八粥的过程当中也是在让我们体会如何做事、做人。吃腊八粥的意义，除了有纪念佛陀夜睹明星成道开悟的意义外，还有温暖、圆满、和谐、吉祥、健康、合作、营养、淡泊、方便、感恩、欢喜、结缘等意义。

做一做

表 6-1　考核要求

考核内容	数量	原料	操作形式	评分标准
腊八粥	1千克米	红小豆、胡桃、松子、柿、粟、黄米、糯米、小米、菱角米、去皮枣泥、桃仁、杏仁、瓜子、花生及白糖、红糖	60分钟	1. 操作规范、手法干净利索 2. 水米混合均匀 3. 调成生熟浆

项目二　米　饭

1. 用料配方

1 千克糯米用 1 千克清水，1 千克粳米用 2 千克清水，1 千克籼米用 2.3 千克清水。

2. 制作过程

（1）蒸米饭。

① 将米淘洗干净后，放入水中浸泡 2~3 小时，冬天可以达到 12 小时。

② 捞出用清水冲洗，再将米铺在垫有纱布的蒸笼中，旺火蒸 20 分钟。

③ 待米粒呈现玉色时开盖，喷一次水，使米粒表面湿润，再继续蒸 5 分钟即可。

（2）煮米饭。

① 把淘洗干净的米放入锅内，加入适量的水，先用旺火煮沸。

② 再改用中火焖熟即可。

3. 制作关键

（1）蒸米饭，主要适用于糯米。

（2）煮米饭必须掌握好加水量和火候，防止过硬、过软、夹生、焦糊现象。

4. 成本特点

软硬适宜、黏糯恰当、喷香扑鼻。

知识链接

米 饭 制 作

很多的米类制品都是用米饭加工而成的，因此，蒸煮米饭是制作米类制品的必要工序。要蒸煮出软硬适宜、黏糯恰当、喷香扑鼻的米饭，必须掌握好加水量和火候。水多米饭黏烂；水少则米质硬、松散不黏糯。火候过旺则易煮焦，火候过小则易煮成焐涨饭。水量的多少、火候的大小，应根据米的特性，不同的成熟方法、不同的制作要求来灵活掌握。一般情况下，糯米应少加水，煮饭应比蒸饭的加水量略多。1 千克的米蒸煮米饭加水量一般为糯米 1 千克、粳米 2 千克、籼米 2.3 千克。

制作米饭一般有两种方法，即蒸和煮。

（1）蒸米饭。蒸米饭有两种方法：一是将米淘洗干净后放入容器内，加入适量的水，将米饭蒸制成熟；另一种就是将米淘洗干净后，放入水中浸泡2~3小时，冬天可以达到12小时，让米粒吸收水分而涨发，然后捞出用清水冲洗，再将米铺在垫有纱布的蒸笼中，旺火蒸20分钟，待米粒呈现玉色时开盖，喷一次水，使米粒表面湿润，再继续蒸5分钟即可。这种方法主要用于糯米饭的制作，因为糯米的涨性小，黏性大，用煮或者其他方法难于蒸煮出软硬适当、黏糯适口的糯米饭。用这种方法，可以保证糯米饭的质量。

（2）煮米饭。煮米饭是把淘洗干净的米放入锅内，加入适量的水，先用旺火煮沸，再改用中火焖熟即可。煮米饭必须掌握好加水量和火候，防止过硬、过软、夹生、焦糊现象。

做一做

表6-2　考核要求

考核内容	数量	原料	操作形式	评分标准
鲜肉米粽	10 个	糯米 2000 克，猪夹心肉 1000 克，粽叶 100 张	40 分钟	1. 操作规范 2. 接口处平整

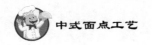

项目三　马 蹄 糕

1. 用料配方

马蹄粉 600 克，白糖 1000 克，清水 3000 克。

2. 制作过程

(1) 马蹄粉 600 克加 1000 克水溶化。

(2) 2000 克水加 1000 克白糖煮溶，煮沸，慢慢加入马蹄粉浆水，并不断搅拌，加完后端离火源，成生熟浆。

(3) 把生熟浆倒入已扫油的马蹄糕托内，蒸制 40 分钟左右。

(4) 冷却后切 80 件。

3. 制作分解图

4. 制作关键

(1) 加水量要适当。

(2) 要调成生熟浆。

146

5. 成品特点
色泽紫兰，无气泡，清香，软韧夹爽。

做一做

表 6-3　考核要求

考核内容	数量	原料	操作形式	评分标准
麻团	10 个	糯米 2000 克， 绵白糖 800 克， 甜桂花 100 克	40 分钟	1. 操作规范 2. 接口处平整

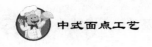

项目四 百果松糕

1. 用料配方

糯米粉 250 克，粳米粉 250 克，糖油丁 100 克，糖莲子 4 颗，蜜枣、青梅各 2 个，白砂糖 250 克，核桃肉 3 只，瓜子仁、松子仁各 10 克，清水 150 克，熟油。

2. 制作过程

(1) 将糯米粉与粳米粉混合均匀，料粉中间扒一凹塘，放入砂糖 150 克、糖油丁和清水，拌和均匀。静置两个小时（冬天时间略长），待糕粉干而松散后，倒入细筛内，用手擦筛成粉粒状，除去粉块待用。

(2) 在蒸制木框模具底部抹上少许熟油防粘，将蒸粉倒入模具刮平或者用筛子直接筛入后刮平，不能按实，约 5 厘米厚度。

(3) 将蜜枣、糖莲子、核桃肉、瓜子仁、松子仁、青梅等均匀地撒在蒸粉上或摆成漂亮的花纹图案，再撒上剩下的 100 克糖，把模具放入蒸锅旺火蒸制。

(4) 待接近成熟时揭开笼盖，略洒些温水，再蒸至糕面发亮，取出冷却即可。

3. 制作关键

(1) 粉料比例准确，掺水量恰当。

(2) 粉料拌好后，要静置饧透，以充分吸收水分。

(3) 镶嵌在松糕表面的原料颗粒大小、色彩应协调。

4. 成品特点

松软滋润，香甜可口，色泽玉白。

知识链接

松 质 糕

1. 松质糕定义

松质糕是以粗糯米粉和粗粳米粉按一定的比例掺和，加入糖、香料、植物性色素等配料，再加适量的清水或熬成的糖水（糖浆、糖汁等）拌成松散的粉粒（目的是加热时透气容易成熟，不会夹生），然后在各种模型内筛入糕粉，上笼蒸制而成，或将糕粉筛入大方格内，蒸制成熟后切成不同形状的小块。松质糕具有韧性小、质地松软、遇水易容、易消化的特点。

2. 糕粉调制的关键步骤

（1）熬糖油（浆）。把糖和一定比例的水熬成糖液的方法叫熬糖油。制作甜味糕点加糖时，为了除去糖中的杂质，使糖的口感更纯、更充分地被糕粉吸收，保证成品的质量，必须熬制糖油。熬制糖油时，糖和水的比例为2:1。方法：先将糖与水放在清洁的锅中，在火上熬制（火不能太旺，以免烧焦），并用铲顺锅底不断铲动，见糖油泛起大泡（表示已经完成）可离火，用很细的筛子过滤。糖浆必须完全冷却后方可使用。

（2）拌粉。拌粉就是将米粉加水或糖油拌和的过程。拌粉一般有两种：一种是用清水拌和的粉叫"白粉"，另一种是用糖油拌和的粉叫"黄粉"。掺了水或糖油以后，粉必须搅拌均匀，使所有的粉粒都能均匀地吸收水分或糖分。拌粉是制作松质糕的关键，粉质拌得太干无黏性，蒸时会被蒸汽冲散，影响成型；粉质黏烂，蒸汽不易上冒也会造成中间夹生，且制品不松散柔软。检验方法是捏一把粉，能捏得拢，散得开，即符合要求。

（3）静置。静置是将拌制后的糕粉搁置一段时间，使粉粒都能均匀、充分地吸收到水分或糖分，再进行下一道工序的操作。静置时间的长短需根据粉质、季节和制品的不同而不同。"白粉"静置时间较短，甚至可以现拌现用，"黄粉"冬季要静置8~10小时，夏季1~2小时，用糖量多的糕粉静置时间就长。

（4）夹粉。夹粉就是将静置过的糕粉进行过筛处理。因为拌置后的糕粉肯定不会均匀，若不夹粉，粉粒粗细不均匀，蒸制时就不易成熟。经过夹粉，糕粉粗细均匀，制品既容易成熟又细腻柔软。

做一做

表6-4 考核要求

考核内容	数量	原料	操作形式	评分标准
百果松糕	10个	糯米粉250克，粳米粉250克，糖油丁100克	60分钟	1. 粉料比例准确，掺水量恰当 2. 粉料拌好后，要静置饧透，以充分吸收水分 3. 镶嵌在松糕表面的原料颗粒大小、色彩应协调

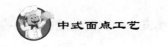

项目五 枣 泥 糕

1. 用料配方

小红枣 750 克，猪油 250 克，白糖 350 克，松子仁 50 克，糯米粉 500 克，粳米粉 500 克。

2. 制作过程

（1）750 克小红枣洗净，浸泡两小时后，入蒸笼旺火蒸烂。将蒸烂的枣子过筛，擦出枣泥，沥干水分，将枣泥放入锅中，加猪油 150 克、白糖 250 克上火加热，用勺不停地搅动，使枣泥与油、糖完全融合。

（2）将剩余的猪油、白糖、枣汤一起倒入另一个不锈钢锅中加热溶化，待冷却后与糯米粉、面粉、枣泥一起调成浓厚的糊状，成枣泥糕生坯。

（3）在不锈钢长方盘上抹上一层猪油待凝固，或者铺一层保鲜膜，将枣泥糕坯倒入盘内铺平，约 3 厘米厚度，在上面撒上松子仁。

（4）入蒸笼旺火蒸制 45 分钟至熟，取出冷却，将枣泥糕放在案板上，切成菱形块，装盘即可。

3. 制作关键

（1）正确掌握糯米粉和粳米粉的比例，保证制品吃口软糯又不易走形。

（2）蒸制时间一定要充足，否则粘牙。

4. 成品特点

肥甜滑润，细腻软糯，枣香浓郁，糕色棕红，冬可热食，夏可冷食，各有特色。

-------- 知识链接 --

黏 质 糕

1. 黏质糕的定义

黏质糕是以细糯米粉、细粳米粉加入糖、植物色素、香料等配料，再加适量水拌制成糕粉，蒸制成熟后，经揉搓使糕粉黏合在一起成团，再经刀切而成的糕。

黏质糕具有黏性足、韧性大、入口软糯等特点。

2. 黏质糕具体调制方法

先将粉料搅拌后，上笼蒸熟，再用搅拌机搅至表面光滑不粘手(量少，则可用手包上干净的湿布反复揉搓到表面光洁不粘手为止，必须要趁热。难度很大，故在行业中多由专业人员操作)，然后再取出分块、搓条、下剂、制皮、包馅，做成各种黏质糕或叠卷夹馅，切成各式各样的块，如年糕、蜜糕、拉糕、豆面卷等。

3. 黏质糕与松质糕的区别

黏质糕的制作过程与松质糕的不同，松质糕不需揉制，而黏质糕必须经过揉制成结实的粉团后再加工成型。另外，黏质糕一般选用细磨粉，而且掺水量比松质糕要多。

4. 春节与年糕

"年糕"原称"黏糕"，是农历年的应节食品。春节，我国很多地区都有讲究吃年糕。年糕有黄、白两色，象征金、银，是图幸运、吉祥的意思。年糕又称"年年糕"，与"年年高"谐音，寓意着人们的工作和生活一年比一年提高。所以前人有诗称年糕："年糕寓意稍云深，白色如银黄色金。年岁盼高时时利，虔诚默祝望财临。"

做一做

表 6-5　考核要求

考核内容	数量	原料	操作形式	评分标准
荔浦香芋角	10 个	荔浦香芋 250 克，澄粉 100 克，五花肉 100	60 分钟	1. 正确掌握糯米粉和粳米粉的比例，保证制品吃口软糯又不易走形 2. 蒸制时间一定要充足，否则粘牙

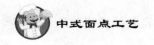

项目六 桂花糕

1. 用料配方

糯米 2000 克，绵白糖 800 克，甜桂花 100 克，色拉油适量。

2. 制作过程

(1)将糯米淘洗干净，用清水浸没泡 24 小时，取出后用清水冲洗，沥干水分。

(2)取蒸笼一个，内垫纱布，把糯米均匀的放入笼内，入蒸汽间蒸约 30 分钟，米粒呈玉白色起黏性时即表示成熟。

(3)取出蒸熟的糯米饭，倒入盆内，加入绵白糖、甜桂花和适量的沸水，然后用大铲子拌和，随即加盖密封，晾凉，再用大木棍捣至米粒散开成半黏状。

(4)不锈钢糕盘抹上色拉油，将捣好的米粒放入按平，厚 6.5 厘米。静置 8 小时后取出切成长方形的糕。

(5)平底锅置火上，锅中放油，待油温五成热时，将糕逐一放入煎至发黄，翻身至金黄色即成。

3. 制作关键

(1)糯米浸泡充分后再蒸，口感更加软糯。

(2)按平的糕体完全冷却后再煎，防止散裂。

4. 成品特点

色泽金黄，外脆内糯，香甜可口。

做一做

表 6-6 考核要求

考核内容	数量	原料	操作形式	评分标准
珍珠咸水角	10 个	水磨糯米粉 500 克，猪板油 60 克	60 分钟	1. 烫芡的面团比例恰当 2. 团皮均匀，馅心居中，搓匀，防止露馅 3. 煮时锅内保持沸而不腾，中途点两三次冷水

项目七 汤　　圆

1. 用料配方

水磨糯米粉 500 克，猪板油 60 克，开水 600 克，绵白糖 100 克，五花肉 350 克，虾米 50 克，干笋丝 50 克，酱油、花生油、胡椒粉、盐等适量。

2. 制作过程

(1)芝麻炒熟冷却后磨成粉，加猪板油、白糖、桂花拌和成馅，12 小时后搓成馅心(具体制作方法见模块二馅心制作项目)。

(2)取 100 克水磨糯米粉略加冷水揉制成粉团，按扁后入沸水煮熟芡，然后捞出与余下的粉加冷水揉制成软硬适中的粉团。

(3)将粉团搓成条，切成约 30 克重的团坯，采用捏皮法(左手托住团坯，右手拇指为轴心，食指捏住边缘，左手配合团坯顺手转动)捏成漏斗状，再放入 15 克的芝麻馅心，收口搓圆成生坯。

(4)锅内烧清水，待水开后将汤圆沿锅边轻轻放入，用铁勺背轻轻搅动，以防粘锅底。

(5)适当"点水"，保持锅内沸而不腾的状态，待汤圆浮起，焖煮两分钟后即可捞起装盘食用。

3. 制作关键

(1)烫芡的面团比例恰当。

(2)团皮均匀，馅心居中，搓匀，防止露馅。

(3)煮时锅内保持沸而不腾，中途点两三次冷水。

4. 成品特点

皮薄馅多，色白光亮，软糯甜香，细嫩滑爽。

知识链接

团类粉团调制

团类粉团是以糯米粉、粳米粉或者水磨粉、面粉等按一定的比例掺和后加水调制而成的粉团，也可以是纯糯米粉调制的粉团。团类粉团制品又叫团子，大体可分

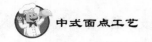

为生粉团和熟粉团两类。

1. 生粉团

生粉团即是先成型后成熟的粉团，制作方法：将少量粉先用沸水烫熟或煮成芡，再掺入大部分生粉料，调拌成块团或揉搓成块团，再制皮，捏成团子，如各式汤团。其特色是可包卤多的馅心，皮薄、馅多、黏糯，吃口滑润。生粉团子的调制方法，主要有如下两种。

（1）包心法。制作方法：将糯米粉、面粉掺和的粉料倒在缸内，中间挖个凹坑，用适量的沸水冲入（沸水与粉的比例约为1∶4），先将中间部分的粉烫熟（称为熟粉心子），再将四周的干粉掺入适量的冷水，与熟粉心子一起揉和，如此反复，揉到软滑不粘手为止。

（2）煮芡法。制作方法：取约1/4的水磨粉，用适量的冷水搅拌成粉团，压成"薄饼"（太厚不易熟），投入沸水中煮熟成"芡"，或者将原料配方里的面粉或澄粉单独用开水烫熟，冷水冲凉成"芡"。再将其余的水磨粉摊开，将煮熟的"芡"投入，加冷水，揉搓至均匀、光滑、不粘手为止。用熟"芡"制作时的要点如下：生粉团的熟芡，做法较多，但大多数用水煮，而且必须等水沸后才可投入，否则就容易沉底散破。投入后须用勺子轻轻从锅边插入搅拌，防止团子沉底粘锅破烂；第二次水沸时，须加适量的凉水，抑制水的沸滚，使团子漂浮在水面上3~4分钟，色全变即成熟芡。面粉或者澄粉烫芡，需要水开量足，将粉料局部逐次烫熟，烫好的芡成块状而不是糊状，冷水冲凉。芡在米粉中主要起黏合作用，用芡量多会粘手，不易操作；用芡少，成品容易裂口，下锅易破散。根据天气的冷热、粉质的干湿，正确掌握用"芡"量的多少。热天粉质易潮，用芡应少些；冷天粉质干燥，用芡量应多些。

2. 熟粉团

所谓熟粉团，即是将糯米粉、粳米粉加以适当掺和，加入冷水拌和成粉粒蒸熟，然后倒入机器打透、打匀形成的块团。制熟粉团时应特别注意卫生，要反复揉按、揉透、揉光滑。具体调制方法与黏质糕相似，也要经过拌粉、蒸制、搅拌的过程，只是熟粉团在分块、搓条、下剂、包馅后要制成圆团形，如芝麻凉团、雪媚娘等。

做一做

表6-7 考核要求

考核内容	数量	原料	操作形式	评分标准
荷香糯米鸡	10个	糯米400克，面粉100克	40分钟	1. 麻团粉团中面粉、芡比例恰当 2. 芝麻不脱落 3. 火候适中

项目八 麻 团

1. 用料配方

糯米 400 克，面粉 100 克，泡打粉 5 克，猪油 50 克，水 200 克。

2. 制作过程

（1）将面粉加入适量的沸水烫成较软的熟面团，用冷水冲凉，成面粉芡备用。

（2）将面粉芡和水磨糯米粉、猪油一起，加入糖、水调制成软硬适中的面团。

（3）将米粉面团搓条，分摘下剂，约 30 克一个，搓圆，将团坯捏成漏斗状，包入馅心约 15 克，收口搓圆。

（4）团子表面抹水，放入白芝麻内，使其表面均匀的滚沾上一层芝麻，即成生坯。

（5）锅置火上，加色拉油烧至 100℃ 左右时，放入生坯氽着，见麻团浮起，逐步加温（一般不超过 160℃），边炸边用勺背部晃动生坯，坯体逐渐涨大，待色泽金黄、外壳发硬即可捞出。

3. 制作关键

（1）麻团粉团中面粉、芡比例恰当。过多，吃口硬，膨胀度差；过少，不易定型且变形下塌。

（2）防止芝麻脱落，生坯表面应洒水搓至毛糙后再滚沾芝麻。

（3）炸麻团时宜先小火，待制品氽足浮起再逐渐升温。

4. 成品特点

形圆个大，内空饱满，色泽金黄，香脆甜糯。

知识链接

米粉面团的特性

（1）米粉基本不能单独用来做发酵制品。我们知道，发酵必须具备两个基本条件，一是产生二氧化碳气体的能力；二是保持二氧化碳气体的能力。面粉所含的直链淀粉较多，容易被淀粉酶作用水解成可供酵母利用的糖分，经酵母的繁殖和发酵

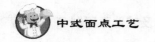

作用产生大量的二氧化碳气体，面粉中的蛋白质能形成面筋，包裹住发酵过程中不断产生的气体，使面团体积膨大、组织松软。而米粉一般所含的直链淀粉较少，淀粉可供淀粉酶分解为单糖的能力很低，故酵母发酵所需糖不足，产气能力差。另外，米粉中所含的蛋白质则是不能生成面筋的谷蛋白和谷胶蛋白，没有保持气体的能力，所以米粉无法使制品膨松。基于以上两方面的原因，米粉基本不做发酵面团使用，但由于米的种类不同，情况又有所不同，糯米、粳米所含直链淀粉都很低，籼米直链淀粉含量高于糯米粉和粳米粉而接近于面粉，具有生成气体的能力，可用于发酵米团的调制，但由于缺乏保持气体的能力，故籼米粉团发酵一般是磨成米浆调制，有助于二氧化碳保留在米浆中，所以米粉中只有籼米在一定条件下可以用来发酵。

(2)调制米粉必须使用热水。这主要是由米粉中占多数的支链淀粉的特性决定。米及米粉所含的蛋白质是谷胶蛋白和谷蛋白，不能产生面筋。虽然米及米粉所含的淀粉胶性大，但是冷水调制，淀粉在水温低时，不溶或很少溶于水，淀粉的胶性不能很好发挥作用，所以冷水调制根本无法成团，形成无劲、韧性差、松散，不具延展性，即使成团也很散碎，不易制皮、包捏成型。因此，调制米粉面团往往采用"煮芡"和"烫粉"的方法来辅助操作，通过淀粉的糊化产生黏性，使面团成团。

(3)黏性强，韧性差。米粉面团在调制中通过提高水温、蒸、煮等方法使淀粉在热水中能大量吸水膨胀、糊化从而形成黏性特强但韧性差的面团。

(4)调制时必须掺粉。不同品种、不同等级的米磨成米粉，其软、硬、黏、糯各有不同。为了使制品软硬适度，增加风味特色，在不同制品面团调制时常采用不同的掺粉方法。掺粉的好坏，对制品的质量影响很大，所以掺粉是调制米粉面团的一道重要工序。

做一做

表6-8　考核要求

考核内容	数量	原料	操作形式	评分标准
南瓜饼	10张	糯米粉500克，老南瓜300克	40分钟	1. 操作规范 2. 火候适中 3. 大小一致

项目九 南 瓜 饼

1. 用料配方

糯米粉 500 克, 老南瓜 300 克, 白糖 50 克, 豆沙馅 200 克, 面包糠 250 克, 色拉油适量。

2. 制作过程

(1)将老南瓜去皮、去瓜瓤, 切成块状蒸熟后擦成细泥。

(2)将南瓜泥与糯米粉、白糖掺和在一起, 双手反复揉擦成软硬适中的粉团。软硬度基本是以瓜瓤的量来调节的, 一般不再加水。

(3)搓条, 下剂, 约 30 克一个, 搓圆, 捏成漏斗状, 包入豆沙馅 20 克, 收口搓圆, 再按成饼形, 沾水后沾上面包糠并按实。

(4)平底锅烧热放油, 用中火煎制两面金黄出锅装盘即可。

3. 制作关键

(1)南瓜要选用肉粉、味浓、色泽红润的老南瓜。

(2)必须"蒸"熟南瓜, 这样含水量相对较少, 粉团中可以多掺一些南瓜泥, 充分体现南瓜的风味。

(3)煎制时用中小火, 如火力大则外焦内生, 火力小则吃口干硬。

4. 成品特点

色泽金黄, 外脆里嫩, 甜咸适口, 有南瓜香味。

    知识链接

米粉面团掺粉

(1)糯米粉与粳米粉掺和。掺法是将糯米粉、粳米粉根据品种要求按比例掺和制成粉团。其制品软糯、滑润, 可制成松糕、拉糕等。

(2)米粉与面粉掺和。在米粉中加入面粉, 这是最常用的方法, 能增加粉团中的面筋质。例如, 糯米粉中掺入适当的面粉, 其性质黏糯有劲, 制出的成品不易走样。一般是糯米粉与面粉以 4∶1 的比例掺和。

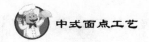

（3）米粉与澄粉掺和。由于澄粉是没面筋质的纯淀粉，沸水烫后色泽洁白，爽而带脆，米粉中加入澄粉，能使制品爽脆、色泽美观。所以蒸和炸制的制品都可以选用澄粉烫芡掺和。一般是糯米粉与澄粉以 4∶1 的比例掺和。

（4）米粉与杂粮粉掺和。在制作点心的过程中也会用到杂粮粉，如豆粉、薯粉、高粱粉和小米粉等，都可以和米粉掺和使用，还可以掺南瓜泥、山药泥等。掺后的面团营养丰富，风味独特。

掺和比例一般考虑杂粮性质、制品要求以及制品的成熟方法等。例如，掺南瓜泥，油煎的可以比蒸制多掺和一些。

米粉面团掺粉的作用：

① 改进原料的性能，使粉质软硬适度，便于包捏，熟制后保证成品的形状美观。

② 扩大粉料的用途，使花色品种多样化。

③ 多种粮食综合使用，可提高制品的营养价值。

做一做

表 6-9　考核要求

考核内容	数量	原料	操作形式	评分标准
地方风味糯米粽	10 个	糯米 2000 克，猪夹心肉 1000 克	40 分钟	1. 操作规范 2. 接口处平整

项目十　鲜　肉　米　粽

1. 用料配方

糯米 2000 克，猪夹心肉 1000 克，粽叶 100 张，精盐、白糖、鸡精、味精、料酒、老抽、色拉油、葱姜适量，20 厘米长的棉线 50 根。

2. 制作过程

(1)将糯米淘洗干净，沥干水分。

(2)粽叶放入沸水煮，水开 10 分钟后取出，用冷水洗净，将叶柄修剪滤干。

(3)将夹心肉肥瘦分开切成宽 2 厘米、厚 1 厘米、长约 5 厘米的条状，放入少许精盐、白糖、味精、鸡精、黄酒、葱姜、老抽拌匀待用。沥干水分的糯米中加入盐、白糖、老抽、味精、鸡精和适量色拉油拌匀待用。

(4)取粽叶一张(小的两张)，折叠成漏斗状，用左手托紧，右手舀入约 40 克糯米，两瘦一肥的三块肉(肥肉夹在两条瘦肉之间)，再放 40 克糯米与斗口平，将其盖上。将粽叶上端折叠盖住裹紧，使之成三角形粽子，中间用绳子扎紧。

(5)将锅置火上旺火烧沸，将生坯落锅，水高出生坯 5 厘米，用大火烧 1 小时后，小火焖 2 小时。食用时剥去粽叶。

3. 制作关键

(1)粽叶要选用光滑软韧的徽州粽叶为好。

(2)粽子根据品种的不同松紧有度。

(3)煮粽时水一次性加足，水开落粽。

4. 成品特点

粽香扑鼻，入口油而不腻，糯而不黏，咸甜适中。

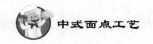

粽 子 文 化

端午节为每年农历五月初五,端午节又称端阳节,"端"字有"初始"的意思,因此"端五"就是"初五"。而按照历法五月正是"午"月,因此"端五"也就渐渐演变成了现在的"端午"。端午节是我国汉族人民的传统节日,这一天必不可少的活动有吃粽子、赛龙舟、挂菖蒲、蒿草、艾叶、薰苍术、白芷、喝雄黄酒。据说,吃粽子和赛龙舟是为了纪念屈原,所以中华人民共和国成立后曾把端午节定名为"诗人节",以纪念屈原。至于挂菖蒲、艾叶,薰苍术、白芷,喝雄黄酒,则据说是为了避邪。端午节仍然是我国十分盛行与重要的节日。端午节从2008年起规定为国家法定节日,2006年5月20日,该民俗经国务院批准列入第一批国家级非物质文化遗产。

端午节吃粽子已成为国人的共识,代代相传。粽子不仅在我国受到重视,其美味也香飘五洲四海,从而衍生出各自独具特色的"粽子文化",许多地方都将当地的美食特色融入到粽子中。

就造型而言,各地的粽子有三角、四角锥形、枕头形、小宝塔形、圆棒形等。粽叶的材料也因地而异。南方因为盛产竹子,就地取材以竹叶来包粽。一般人都喜欢采用新鲜竹叶,因为干竹叶包出来的粽子,熟了以后没有竹叶的清香。北方人则习惯用苇叶来包粽子。苇叶叶片细长而窄,所以要用两三片重叠起来使用。粽子的大小也差异甚巨,有重达两三斤的巨型兜粽,也有小巧玲珑,长不及两寸的甜粽。

就口味而言,粽子馅荤素兼具,有甜有咸。北方的粽子以甜味为主,南方的粽子甜少咸多。料的内容则是最能突显地方特色的部分。

北方的粽子大约可分为三种:一种是纯用糯米制成的白粽子,蒸熟以后蘸糖吃。另一种是小枣粽,馅心以小枣、果脯为主。第三种是豆沙粽,比较少见。华北地区有一种以黄黍代糯米的粽子,馅料用的是红枣。蒸熟之后,只见黄澄澄的黏黍中嵌着红艳艳的枣儿,有人美其名为"黄金裹玛瑙"。北方粽子多选用上乘的选料,传统手工的加工程序,精致小巧,粽子煮熟后晶亮甜美,油润清香。

浙江的湖州粽子,米质香软,分为咸甜两种。咸的以新鲜猪肉浸泡上等酱油。每只粽子用肥瘦肉各一片作馅。甜粽以枣泥或豆沙为馅,上面加一块猪板油。蒸熟后,猪油融入豆沙,十分香滑适口。

四川的椒盐豆粽也别具特色。先将糯米、红豆浸泡半日,加入花椒面、川盐及少许腊肉丁、包成四角的小粽。以大火煮三个小时,煮熟后再放在铁丝网上用木炭烤黄。吃起来外焦里嫩,颇具风味。

广东的中山芦兜粽,特点是圆棒形、粗如手臂。配料也分甜咸两种。甜的有莲蓉、豆沙、栗蓉、枣泥；咸的有咸肉、烧鸡、蛋黄、甘贝、冬菇、绿豆、叉烧等。

　　五花八门的粽子，各具特色。最出名的粽子要属嘉兴粽子，浙江嘉兴粽子历史悠久，闻名华夏，作为一种民俗食品，粽子在嘉兴一带流播的历史可以追溯到明代。明朝《万历秀水县志》卷云："端午贴符悬艾啖角黍饮蒲黄酒，妇女制绘为人形佩之曰健人，幼者系彩索于臂。"嘉兴粽子为长方形，有鲜肉、豆沙、八宝、鸡肉粽等品种。嘉兴粽子当推五芳斋为最，素有江南"粽子大王"之称。它的粽子从选料、制作到烹煮都有独到之处。米要上等白糯米，肉从猪后腿精选，粽子煮熟后，肥肉的油渗入米内。嘉兴粽子的特点是入口鲜美，肥而不腻，香糯可口，咸甜适中。同时携带方便而备受广大旅游者厚爱，有"东方快餐"之称。粽子在一定程度上成了稻米之乡嘉兴的一种象征，被誉为"饮食文化的代表，对外交流的使者"。许多海内外朋友都是因为品尝过嘉兴粽子后，才知道浙江嘉兴的地名。

参 考 文 献

鲍志平 . 1999. 面点制作[M]. 北京：高等教育出版社 .

樊建国 . 2002. 中式面点制作[M]. 北京：高等教育出版社 .

茅建民 . 2009. 面点工艺教程[M]. 北京：中国轻工业出版社 .

祁可斌 . 2009. 中式面点师(高级)考前辅导[M]. 北京：机械工业出版社 .

祁可斌 . 2009. 中式面点师(中级)考前辅导[M]. 北京：机械工业出版社 .

唐美雯，林小岗 . 2008. 中式面点技艺[M]. 北京：高等教育出版社 .

王美 . 2011. 中式面点实训教程[M]. 北京：清华大学出版社 .

杨存根 . 2011. 中式面点制作[M]. 北京：北京师范大学出版社 .

张丽 . 2011. 技能大赛背景下面点作品的创新探究[J]. 四川烹饪专科学校学报(2)：
    18-20.

张丽 . 2011. 面点创新的方法及实例[J]. 四川烹饪(10)：18-20.

张丽 . 2011. 探析面点创新的有效方法[J]. 四川烹饪专科学校学报(6)：23-25.

钟志惠 . 2009. 面点制作工艺[M]. 南京：东南大学出版社 .

周文涌，竺明霞 . 2009. 面点技艺实训精解[M]. 北京：高等教育出版社 .

烹饪模块化教学评价表

1. 个人量化评分日志见附表1

附表1　个人量化评分日志

班别：_____　姓名：_____　得分：_____

评价项目	评价标准	等级(权重)分				自评	小组评	教师评
		优秀	良好	一般	较差			
操作习惯	个人卫生、结束卫生工作	5	4	3	2			
	工具、器皿的准备	5	4	3	2			
	操作的规范	5	4	3	2			
技能	掌握面点品种制作的方法和技巧	15	12	10	8			
	了解相关理论知识并运用	15	12	10	8			
情感态度	课堂上积极参与，积极动手	5	3	2	1			
	小组协作交流情况：小组成员间配合默契，彼此协作愉快，互帮互助	5	3	2	1			
	对本节课内容产生兴趣的浓厚	5	3	2	1			
课堂调查：书面写出你在学习本节课时所遇到的困难，向教师提出较合理的教学建议		5	4	3	2			

我这样评价自己：

伙伴眼里的我：

老师的话：

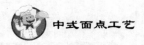

2. 合作小组日志见附表2

附表2　合作小组日志

地点

项目	内容
组长及成员：	
任务实施计划：	
任务实施过程记录及完成情况(质量、速度、合作、分工、纪律、卫生)	
存在问题及学习反思	
最满意的方面	

组长签名：＿＿＿＿＿＿＿＿＿＿

3. 班级日志见附表3

附表3　班级日志

项目	1组	2组	3组	4组	5组
出勤/纪律/着装					
完成工作质量					
完成工作速度					
和其他组配合情况					
卫生工作质量					
采购或验收质量					
创新制品和制作者					
本次购买成本		本次领用成本		合计	
课代表评价					
教师留言					